Joseph Kibange Mihali

Lago Tanganica em perigo

Joseph Kibange Mihali

Lago Tanganica em perigo

Compreender e reagir à subida do nível do mar

ScienciaScripts

Imprint
Any brand names and product names mentioned in this book are subject to trademark, brand or patent protection and are trademarks or registered trademarks of their respective holders. The use of brand names, product names, common names, trade names, product descriptions etc. even without a particular marking in this work is in no way to be construed to mean that such names may be regarded as unrestricted in respect of trademark and brand protection legislation and could thus be used by anyone.

Cover image: www.ingimage.com

This book is a translation from the original published under ISBN 978-620-6-71845-1.

Publisher:
Sciencia Scripts
is a trademark of
Dodo Books Indian Ocean Ltd. and OmniScriptum S.R.L publishing group

120 High Road, East Finchley, London, N2 9ED, United Kingdom
Str. Armeneasca 28/1, office 1, Chisinau MD-2012, Republic of Moldova, Europe
Printed at: see last page
ISBN: 978-620-7-94829-1

Lago Tanganica em perigo

Compreender e tomar medidas contra a subida do nível das águas

Uma palavra do autor

Sou Joseph KIBANGE MIHALI, engenheiro geológico de formação, fundador e diretor-geral da SCITRA SARL, uma empresa inovadora especializada na transformação de resíduos em produtos acabados. Transformamos os resíduos plásticos em pedras de pavimentação ecológicas e os resíduos biodegradáveis em carvão ecológico e adubo orgânico. A nossa missão é dupla: proteger o ambiente e criar oportunidades económicas para as comunidades locais. Como chefe do departamento de desenvolvimento organizacional do comité urbano da Cruz Vermelha da República Democrática do Congo (RDC) em Uvira, pude observar de perto os desafios ambientais e socioeconómicos que as nossas comunidades enfrentam. A subida das águas do Lago Tanganica é um dos problemas mais urgentes e complexos que enfrentamos.

A subida das águas do Lago Tanganica tem muitas e variadas consequências. Afecta não só os ecossistemas aquáticos e terrestres, mas também a vida quotidiana das pessoas que vivem ao longo das suas margens. Este livro é o fruto de muitos anos de observação, investigação e empenhamento no terreno. O meu objetivo é aprofundar o conhecimento sobre este fenómeno, as suas causas, os seus impactos e as possíveis soluções para o enfrentar.

Os desafios ambientais e socioeconómicos colocados pela subida das águas do Lago Tanganica são numerosos. As comunidades ribeirinhas são frequentemente as primeiras e as mais afectadas pelas inundações e pelas deslocações forçadas. Os estilos de vida e as actividades económicas tradicionais, como a pesca e a agricultura, são profundamente perturbados. Como Chefe de Desenvolvimento Organizacional da Cruz Vermelha NA REPUBLICA DEMOCRATICA DO CONGO, trabalhei numa série de projectos destinados a mitigar estes impactos, particularmente através de iniciativas de resiliência comunitária e de gestão do risco de catástrofes.

O livro também explora as iniciativas locais e internacionais que foram postas em prática para gerir os recursos do Lago Tanganica de forma sustentável. A cooperação entre os países ribeirinhos do lago é essencial para fazer face a este desafio transfronteiriço. Organizações como a Cruz Vermelha, a LATAWAMA e a AFPDE desempenham um papel crucial na execução de projectos de conservação e de gestão dos recursos. O seu trabalho no terreno, combinado com políticas de redução das emissões e de gestão dos recursos, é parte integrante da resposta à subida das águas.

Como fundador e diretor-geral da SCITRA SARL, também procurei integrar soluções ambientais inovadoras nas nossas operações. A transformação de resíduos em produtos acabados não é apenas uma questão de gestão de resíduos, é também uma estratégia de adaptação às alterações ambientais. Ao transformar resíduos de plástico em pedras de pavimentação ecológicas e resíduos biodegradáveis em carvão ecológico e fertilizante orgânico, estamos a ajudar a reduzir a pressão sobre os recursos naturais e a criar meios de subsistência sustentáveis para as comunidades locais.

Escrever este livro foi uma viagem gratificante e muitas vezes comovente. Tive a oportunidade de conhecer e trabalhar com pessoas extraordinárias, cuja resiliência e empenho são uma fonte constante de inspiração. O seu conhecimento, apoio e colaboração foram inestimáveis.

Espero que este livro forneça informações valiosas e ajude a sensibilizar para as questões críticas que envolvem a subida das águas do Lago Tanganica. Mais importante ainda, espero que encoraje acções concretas para a conservação e gestão sustentável deste lago vital. Juntos, podemos fazer a diferença. Vamos continuar a trabalhar lado a lado para preservar o Lago Tanganica e os seus ecossistemas, assegurando ao mesmo tempo um futuro sustentável e próspero para as nossas comunidades.

Joseph KIBANGE MIHALI
Engenheiro geológico
Fundador e Diretor-Geral da SCITRA SARL
Diretor de Desenvolvimento Organizacional
Cruz Vermelha, uvira

Índice

Capítulo 1: Introdução

Introdução

O Lago Tanganica, o segundo maior lago de água doce do mundo, está a enfrentar uma ameaça crescente: a subida do nível das águas. Esta subida rápida e preocupante do nível das águas do lago está a ameaçar as pessoas que vivem nas suas margens, as suas actividades económicas e o frágil ambiente desta região da África Central.

Desde a década de 2010, as observações científicas têm revelado uma subida substancial do nível das águas do lago Tanganica, com consequências já visíveis e preocupantes. As margens foram gradualmente inundadas, obrigando muitas comunidades a deslocarem-se. A pesca e a agricultura, que constituem a base da economia local, foram gravemente afectadas. A biodiversidade única do lago, Património Mundial da UNESCO, está também ameaçada por estas alterações brutais.

Perante esta situação alarmante, é essencial compreender as causas desta subida do nível das águas e identificar soluções práticas para a enfrentar. O objetivo deste livro é fornecer uma análise detalhada dos factores que estão na origem deste fenómeno, sejam eles climáticos, hidrológicos ou ligados às actividades humanas. Propõe igualmente uma série de medidas de adaptação e de atenuação, baseadas nas melhores práticas internacionais e adaptadas ao contexto local.

Utilizando uma abordagem multidisciplinar que envolve peritos científicos, decisores políticos e comunidades locais, este livro tem como objetivo fornecer um quadro de ação pragmático e ambicioso para enfrentar o desafio da subida dos níveis de água no Lago Tanganica. Este é um grande desafio para a preservação de ecossistemas frágeis, assegurando a segurança e a resiliência das populações locais e garantindo o desenvolvimento sustentável desta região.

1.1. Contexto geográfico e ecológico do lago Tanganica

O Lago Tanganica, situado na região dos Grandes Lagos em África, é um lago não

O rio Tâmisa é não só um dos maiores lagos de água doce do mundo, mas também um dos mais antigos e profundos. Este capítulo irá explorar em profundidade a sua localização geográfica exacta, o seu clima e ambiente natural, bem como os seus principais ecossistemas e habitats.

1.2. Localização geográfica

O Lago Tanganica cobre uma área de quase 32 900 kmq, atravessando os seguintes países: República Democrática do Congo (RDC), Burundi, Tanzânia e Zâmbia. Está localizado principalmente no Grande Vale do Rift Africano, uma região geologicamente ativa e diversificada.

1.2.1. Discriminação geográfica

O lago corre aproximadamente no sentido norte-sul, com a maior parte do seu comprimento entre as latitudes 3° e 9° sul. Esta posição geográfica influencia não só o clima, mas também a biodiversidade do lago e dos seus arredores.

1.2.2. Caraterísticas geográficas

O terreno em torno do Lago Tanganica é marcado por montanhas íngremes e vales profundos, criando uma paisagem espetacular e diversificada. As costas do lago variam consoante a geologia subjacente, desde praias arenosas a falésias íngremes.

1.3 Clima e ambiente natural

O clima em torno do Lago Tanganica é influenciado pela sua posição geográfica equatorial e pelas caraterísticas topográficas da região do rift. Esta secção explorará os aspectos climáticos, bem como as caraterísticas do ambiente natural que rodeia o lago.

1.3.1. Clima

O clima é geralmente tropical, com uma estação seca e uma estação húmida bem definidas. A pluviosidade varia consideravelmente ao longo da extensão do lago, influenciando a vegetação e os ciclos de reprodução das espécies aquáticas.

1.3.2. Ambiente natural

As áreas circundantes incluem uma combinação de florestas tropicais, savanas e terras agrícolas. Estes ecossistemas desempenham um papel crucial na regulação do clima local e na conservação da biodiversidade.

principais ecossistemas e habitats

O Lago Tanganica é conhecido pela sua excecional biodiversidade, albergando uma multiplicidade de espécies endémicas e oferecendo habitats variados para a fauna e flora aquáticas. Esta secção analisará em pormenor os principais ecossistemas e habitats do lago e das suas imediações.

ecossistemas aquáticos

O Lago Tanganica está dividido em diferentes zonas de profundidade, cada uma das quais alberga espécies adaptadas a condições específicas. As zonas litorais pouco profundas são ricas em biodiversidade, enquanto as águas mais profundas albergam espécies adaptadas à elevada pressão hidrostática.

Habitats terrestres

As zonas terrestres adjacentes ao lago incluem uma diversidade de habitats, desde florestas de montanha a planícies aluviais e zonas agrícolas. Estes habitats suportam uma variedade de espécies terrestres que estão diretamente dependentes dos recursos fornecidos pelo Lago Tanganica.

Ao explorar estes aspectos em profundidade, podemos apreciar melhor a complexidade e a importância ecológica do Lago Tanganica, bem como os desafios ambientais que enfrenta atualmente.

importância do lago para as comunidades locais e para a biodiversidade

O Lago Tanganica é fundamental para a vida das comunidades locais e tem uma importância ecológica inestimável. A sua riqueza em recursos naturais e a sua biodiversidade única fazem dele um ecossistema de valor excecional para a humanidade e para a natureza. Esta secção explora em profundidade a utilização do lago pelas populações locais e a sua importância ecológica.

Utilização do lago pela população local

Água

O Lago Tanganica é uma fonte vital de água doce para as comunidades locais. Sendo o segundo maior lago de água doce do mundo em volume, constitui um recurso essencial para utilizações domésticas, agrícolas e industriais.

Uso doméstico

- As populações locais dependem fortemente do lago para as suas necessidades diárias de água potável. Devido à falta de infra-estruturas sofisticadas de tratamento de água em muitas regiões, a água do lago é frequentemente utilizada diretamente após uma simples filtração.

- Iniciativas locais e internacionais estão a trabalhar para melhorar a qualidade da água e fornecer soluções sustentáveis para o acesso à água potável, através da implementação de projectos de purificação e de sistemas de distribuição de água.

Utilização agrícola

- A irrigação é uma prática comum nas zonas agrícolas em torno do lago. A água do lago é utilizada para irrigar as culturas, nomeadamente em períodos de seca.

- A agricultura irrigada a partir do lago ajuda a apoiar os meios de subsistência dos agricultores locais e a garantir a segurança alimentar na região.

Utilização industrial

- Em algumas zonas, a água do lago é utilizada para processos industriais, nomeadamente em pequenas empresas locais de transformação de produtos agrícolas e da pesca e na indústria cimenteira de Kabimba.

- Embora a utilização industrial da água do lago seja limitada em comparação com outras utilizações, contribui, no entanto, para a economia local.

Pesca

A pesca é uma das principais actividades económicas e culturais em torno do Lago Tanganica. O lago alberga uma grande variedade de peixes, incluindo muitas espécies endémicas, o que o torna uma fonte essencial de subsistência para as populações locais.

Pesca artesanal

- A pesca artesanal é praticada por milhares de pescadores locais, que utilizam técnicas tradicionais para capturar o peixe. Trata-se frequentemente de uma atividade familiar, que transmite conhecimentos ancestrais.

- As espécies mais frequentemente capturadas incluem as sardinhas do Lago Tanganica (Limnothrissa miodon e Stolothrissa tanganicae) e várias espécies de ciclídeos, que são consumidas localmente e vendidas nos mercados regionais.

Pesca comercial

- A pesca comercial, embora menos difundida do que a pesca artesanal, também desempenha um papel importante. As grandes empresas utilizam barcos a motor e grandes redes para capturas maiores.

- Esta pesca em grande escala pode colocar desafios de sustentabilidade, exigindo uma gestão rigorosa para evitar a sobrepesca e garantir a sustentabilidade das unidades populacionais de peixes.

Transformação e comércio de peixe

- O peixe capturado no lago é frequentemente fumado, seco ou salgado para o conservar. Estes métodos tradicionais prolongam a vida dos produtos da pesca e permitem a sua comercialização nas regiões mais remotas.

- O comércio de peixe é uma importante fonte de rendimento para as comunidades locais, contribuindo significativamente para a economia regional.

Transporte

O Lago Tanganica é também uma via de transporte crucial para as populações locais. A sua extensão e posição geográfica fazem dele uma via natural para o comércio e as viagens.

Transporte de mercadorias

- Os barcos e as pirogas são normalmente utilizados para transportar mercadorias entre as aldeias ribeirinhas e as principais cidades ao longo do lago. Estas incluem produtos agrícolas, peixe e outros bens de consumo.

- O transporte por água é frequentemente mais rápido e mais barato do que por estrada, especialmente em regiões onde as infra-estruturas rodoviárias são limitadas ou estão em más condições.

Transporte de passageiros

- A população local utiliza regularmente o lago para se deslocar. Os serviços de ferry e os barcos privados facilitam a deslocação entre as várias comunidades ao longo do lago.

- O transporte lacustre desempenha um papel crucial na integração social e económica das regiões ribeirinhas, permitindo o acesso aos mercados, aos serviços de saúde e aos estabelecimentos de ensino.

Importância ecológica

O Lago Tanganica tem uma importância ecológica excecional, albergando uma diversidade biológica única e desempenhando um papel crucial nos ecossistemas regionais e globais.

Espécies endémicas

O Lago Tanganica é famoso pela sua flora e fauna endémicas. Devido à sua idade geológica e ao seu relativo isolamento, muitas espécies evoluíram de forma única, criando um ecossistema rico e diversificado.

Ciclídeos

- O lago alberga cerca de 250 espécies de ciclídeos, das quais mais de β8% são endémicas. Estes peixes são conhecidos pelas suas cores vivas e pelo seu comportamento complexo.

- Os ciclídeos do lago Tanganica evoluíram para ocupar uma grande variedade de nichos ecológicos, desde predadores a herbívoros, e desde espécies que habitam as rochas a espécies pelágicas.

Outros peixes

- Para além dos ciclídeos, o lago alberga também outras espécies de peixes endémicas, como as sardinhas do Lago Tanganica e várias espécies de peixe-gato.

- Estes peixes desempenham um papel crucial nas redes alimentares do lago, contribuindo para a saúde geral do ecossistema.

Invertebrados e plantas aquáticas

- O Lago Tanganica é também rico em invertebrados endémicos, incluindo caracóis, camarões e esponjas de água doce.

- As plantas aquáticas endémicas, como os nenúfares e as espécies de algas, constituem habitats essenciais para muitas outras espécies e contribuem para a produtividade primária do lago.

Biodiversidade

A biodiversidade do Lago Tanganica não só é impressionante em termos de número de espécies, como também desempenha um papel fundamental na estabilidade e resiliência dos ecossistemas aquáticos e terrestres adjacentes.

Interações ecológicas

- As interações entre as espécies no Lago Tanganica são complexas e bem equilibradas. Peixes, invertebrados e plantas aquáticas formam teias alimentares dinâmicas que sustentam a produtividade e a saúde do ecossistema.

- Por exemplo, os ciclídeos predadores controlam as populações de peixes mais pequenos, enquanto os herbívoros mantêm o crescimento das plantas aquáticas sob controlo.

Ecossistemas terrestres adjacentes

- Os ecossistemas terrestres em torno do lago, como as florestas ribeirinhas e as zonas húmidas, estão intimamente ligados à saúde do lago. Estes habitats fornecem nutrientes e abrigo a muitas espécies aquáticas e terrestres.

- A biodiversidade terrestre inclui mamíferos, aves, répteis e anfíbios, muitos dos quais dependem dos recursos do lago para a sua sobrevivência.

Papel no ciclo do carbono

- O lago Tanganica desempenha um papel importante no ciclo regional do carbono. Os processos biológicos, como a fotossíntese das plantas aquáticas e a respiração dos organismos, influenciam o fluxo de carbono entre a água, a atmosfera e os sedimentos.

- Os sedimentos do lago também armazenam grandes quantidades de carbono orgânico, ajudando a regular o clima global.

Em conclusão, o Lago Tanganica é um ecossistema de importância crucial para as comunidades locais e para a biodiversidade global. O seu papel multifuncional como fonte de água, zona de pesca e via de transporte é indispensável para as populações que vivem ao longo das suas margens. Além disso, a sua riqueza ecológica, caracterizada por uma diversidade excecional de espécies endémicas e uma complexidade ecológica, sublinha a necessidade de preservar e proteger este lago único. A gestão sustentável e a conservação do Lago Tanganica são essenciais para garantir que os seus recursos e serviços ecológicos continuem a beneficiar as gerações actuais e futuras.

Aumento do nível do mar: causas e consequências

Apresentação dos problemas ligados à subida do nível do mar

A subida das águas do Lago Tanganica representa um importante desafio ambiental e socioeconómico para a região. Em resultado de vários factores antropogénicos e naturais, o nível do lago aumentou significativamente nas últimas décadas, afectando diretamente as comunidades ribeirinhas, a biodiversidade aquática e os ecossistemas circundantes.

Causas da subida do nível das águas

A subida das águas do Lago Tanganica é atribuída principalmente a uma combinação de factores climáticos e humanos.

- Alterações climáticas globais: As alterações climáticas são uma das principais causas do aumento do nível da água nos grandes lagos africanos, incluindo o Lago Tanganica. O aumento das temperaturas globais leva a um aumento da temperatura da água, o que, por sua vez, aumenta a evaporação. No entanto, no caso do Lago Tanganica, o aumento da precipitação devido às alterações climáticas excede a precipitação média na região.

As variações climáticas também perturbaram os padrões tradicionais de precipitação, levando a episódios de chuvas intensas que aumentam o caudal dos rios que alimentam o lago. As variações climáticas também perturbaram os padrões tradicionais de precipitação, dando origem a episódios de chuva intensa que aumentam o caudal dos rios que alimentam o lago.

- **Actividades humanas**: O impacto das actividades humanas é também significativo. A desflorestação na bacia hidrográfica do lago, devido à agricultura, à silvicultura e à urbanização, reduz a capacidade da terra para absorver a precipitação, aumentando assim o escoamento para o lago. Além disso, a construção de infra-estruturas, como barragens e estradas, altera os regimes hídricos naturais, agravando o problema.

- **Variabilidade natural**: A variabilidade natural dos níveis de água do lago, influenciada por ciclos climáticos como o El Niño e o La Niña, também desempenha um papel importante. Estes fenómenos podem conduzir a períodos de precipitação excessiva ou de seca, afectando diretamente o nível do lago Tanganica.

Consequências ambientais

As consequências da subida das águas do Lago Tanganica são de grande alcance e variadas, afectando tanto os ecossistemas aquáticos como os terrestres.

- **Perda de habitats**: A subida do nível das águas submerge os habitats costeiros, resultando na perda de zonas cruciais de reprodução e alimentação para muitas espécies. As zonas de vegetação aquática, essenciais para os peixes e as aves, são particularmente afectadas.

- **Alterações nos ecossistemas**: Os ecossistemas do Lago Tanganica são particularmente sensíveis às alterações da temperatura e do nível da água. A subida do nível da água pode perturbar as zonas estratificadas do lago, modificando os habitats das espécies endémicas e introduzindo espécies invasoras que podem desestabilizar os ecossistemas locais.

- **Erosão do solo e poluição**: A erosão do solo acelera à medida que o escoamento aumenta, transportando sedimentos para o lago que podem sufocar os habitats aquáticos. Além disso, o escoamento pode transportar poluentes agrícolas e industriais, degradando a qualidade da água e afectando a saúde dos ecossistemas aquáticos.

Impacto socioeconómico

As comunidades humanas em redor do Lago Tanganica dependem fortemente dos seus recursos para a sua subsistência. A subida do nível das águas coloca grandes desafios a estas comunidades.

- **Deslocação**: As inundações submergem as terras agrícolas e as casas, obrigando as comunidades a deslocarem-se. Esta deslocação tem graves consequências sociais e económicas, levando à perda de meios de subsistência e de bens, bem como ao aumento das tensões sociais.

- **Segurança alimentar**: A pesca é uma atividade vital para as populações locais. A subida do nível do mar está a perturbar os locais de reprodução dos peixes, reduzindo as capturas e ameaçando a segurança alimentar das comunidades dependentes da pesca.

- **Infra-estruturas e economia**: As infra-estruturas costeiras, como estradas, portos e instalações turísticas, são danificadas pela erosão e pelas inundações. Os custos de reparação e reconstrução pesam muito nas economias locais e nacionais.

Objectivos do livro

O objetivo deste livro é fornecer uma análise abrangente e detalhada das causas e consequências da subida das águas do Lago Tanganica. Ao combinar perspectivas científicas, sociais e económicas, esperamos não só aumentar a sensibilização para esta questão crítica, mas também propor soluções práticas para mitigar os seus efeitos.

Objectivos

O objetivo deste livro é triplo:

- **Sensibilização**: Informar um vasto público sobre os desafios da subida do nível da água no Lago Tanganica, salientando as complexas interações entre as alterações climáticas, as actividades humanas e a variabilidade natural.

- **Documento**: Fornecer documentação científica detalhada sobre os efeitos ambientais e socioeconómicos da subida do nível do mar, com base na investigação atual e em estudos de casos locais.

- **Propor soluções**: Apresentar estratégias de adaptação e atenuação que possam ser implementadas pelas comunidades locais, governos e organizações internacionais para gerir eficazmente a subida do nível do mar.

Capítulo 2: História e geografia do Lago Tanganica

2.0. Introdução

O Lago Tanganica, situado na região dos Grandes Lagos em África, não é apenas um dos maiores lagos de água doce do mundo, mas também um dos mais antigos e profundos. A sua formação está intimamente ligada aos processos geológicos que moldaram a região ao longo de milhões de anos. Este capítulo explora a origem e a formação do Lago Tanganica, focando a geologia e a tectónica de placas, bem como a história geológica do lago.

2.1 Origem e formação do lago

Geologia e tectónica de placas

O Lago Tanganica situa-se no Vale do Rift da África Oriental, uma das zonas tectónicas mais activas do planeta. Esta região caracteriza-se por falhas e fracturas profundas na crosta terrestre, resultantes da separação das placas tectónicas africanas.

1. **Vale do Rift e tectónica de placas :**

O Vale do Rift da África Oriental é uma grande estrutura geológica que se estende por mais de 3.000 quilómetros de norte a sul, desde o Mar Vermelho até Moçambique. É formado pela divergência de placas tectónicas, principalmente a placa africana, que se divide em duas sub-placas: a placa núbia, a oeste, e a placa somali, a leste. O Lago Tanganica situa-se no ramo ocidental deste vale do Rift, conhecido como Rift Albertino.

2. **Formação do lago Tanganica :**

O Lago Tanganica formou-se há cerca de 12 milhões de anos, durante a fase Miocénica da história geológica. Nessa altura, a intensa atividade tectónica levou à subsidência da crosta terrestre, criando uma bacia profunda que viria a tornar-se o Lago Tanganica. A divergência contínua das placas tectónicas alargou e aprofundou gradualmente esta bacia, permitindo a acumulação de água ao longo de milhões de anos.

3. **Geologia da bacia do lago Tanganica :**

A bacia do Lago Tanganica está rodeada por montanhas escarpadas e planaltos elevados, resultado da compressão e tensão tectónica. As rochas circundantes são principalmente granito, gneisse e xisto, que são formações metamórficas antigas. Estas rochas contêm também depósitos sedimentares que se acumularam ao longo do tempo, constituindo um valioso arquivo da história climática e ecológica da região.

História geológica do lago

A história geológica do Lago Tanganica é complexa e fascinante, reflectindo as alterações tectónicas, climáticas e biológicas que moldaram a região ao longo de milhões de anos.

1. **Formação inicial** :

O Lago Tanganica começou a formar-se há cerca de^ a 12 milhões de anos, durante o Miocénico. A tectónica de placas criou uma bacia profunda e alongada que começou gradualmente a encher-se de água. As primeiras fases da formação do lago foram marcadas por uma intensa atividade vulcânica e tectónica, criando uma paisagem geológica dinâmica e em evolução.

2. **evolução da bacia lacustre** :

Durante os milhões de anos seguintes, a bacia do Lago Tanganica continuou a aprofundar-se e a alargar-se. Episódios de vulcanismo e sedimentação acrescentaram camadas de rocha e sedimentos à bacia, registando mudanças climáticas e ecológicas na região. A estratigrafia dos sedimentos do lago revela períodos de variação climática, incluindo fases de seca e períodos mais húmidos.

3. **Alterações climáticas** :

A história geológica do lago Tanganica é também marcada por grandes alterações climáticas. Durante os períodos glaciares, o nível do lago desceu consideravelmente, chegando por vezes a desaparecer por completo. Estas flutuações do nível da água tiveram um impacto profundo na biodiversidade e nos ecossistemas do lago, favorecendo a adaptação e a diversificação das espécies.

4. **Flora e fauna fósseis** :

Os sedimentos do Lago Tanganica contêm fósseis de flora e fauna antigas, fornecendo pistas valiosas sobre a história biológica da região. Estes fósseis revelam uma rica diversidade de peixes, moluscos e plantas aquáticas, alguns datando de há milhões de anos. O estudo destes fósseis ajuda-nos a compreender a evolução das espécies e dos ecossistemas do lago ao longo do tempo.

5. **Separação tectónica e isolamento biológico** :

A atividade tectónica contínua na região do Albertine Rift levou à separação e ao isolamento das populações biológicas do Lago Tanganica. Esta separação favoreceu a evolução e a especiação das espécies, criando uma biodiversidade única e endémica. Os peixes ciclídeos, por exemplo, são conhecidos pela sua diversidade e adaptação específica aos diferentes habitats do lago.

Geologia moderna e dinâmica dos lagos

Atualmente, o Lago Tanganica continua a ser influenciado por processos tectónicos e geológicos. O Vale do Rift continua a ser uma zona de atividade sísmica e vulcânica, com terramotos e erupções vulcânicas ocasionais na região. Estas actividades geológicas afectam os níveis de água, a qualidade da água e os habitats do lago.

1. Sismicidade e vulcões :

A região em torno do Lago Tanganica está sujeita a uma atividade sísmica frequente, devido aos movimentos tectónicos em curso. Os terramotos podem causar deslizamentos de terra submarinos, perturbando os sedimentos do fundo do lago e afectando a clareza da água. Além disso, a presença de vulcões activos na região acrescenta uma dimensão extra à dinâmica geológica do lago.

2. Hidrologia e circulação da água :

O Lago Tanganica caracteriza-se também por uma complexa circulação da água, influenciada pelas variações de temperatura, precipitação e afluência dos rios. A estratificação das águas do lago cria zonas distintas de temperatura e salinidade, afectando a distribuição de nutrientes e organismos aquáticos.

3. Impacto humano e conservação :

A interação humana com o Lago Tanganica também deixou uma marca geológica e ecológica. Actividades como a pesca, a agricultura e a urbanização alteraram os ecossistemas e os habitats do lago. Os esforços de conservação visam proteger esta biodiversidade única e atenuar os impactos negativos das actividades humanas.

Conclusão

O Lago Tanganica é um exemplo fascinante de como os processos geológicos e tectónicos podem moldar um ecossistema complexo e dinâmico. A sua formação e evolução ao longo de milhões de anos contam uma história de mudança e adaptação, influenciada por poderosas forças naturais. Compreender a história geológica do Lago Tanganica é essencial para apreciar a sua biodiversidade única e os desafios de conservação que enfrenta atualmente.

Ao explorar em profundidade a origem e formação do Lago Tanganica, podemos compreender melhor os mecanismos geológicos que criaram este extraordinário lago e os processos naturais que continuam a moldá-lo. Esta compreensão é essencial se quisermos proteger e preservar este precioso ecossistema para as gerações futuras.

2.2 Evolução geográfica e geológica do Lago Tanganica

O Lago Tanganica, com a sua dimensão impressionante e história geológica complexa, oferece uma visão fascinante da evolução das paisagens africanas ao longo de milhões de anos. Esta secção explorará em pormenor as alterações geográficas e geológicas que moldaram o Lago Tanganica, com base em dados geológicos, mapas históricos e investigação atual.

2.2.1 Alterações geográficas ao longo do tempo

O Lago Tanganica está localizado numa região geologicamente dinâmica, o Vale do Rift da África Oriental, onde a atividade tectónica desempenhou um papel importante na sua formação e evolução. Esta subsecção examinará as principais alterações geográficas que ocorreram ao longo do tempo geológico e histórico.

- Formação geológica :

O Lago Tanganica é um dos lagos mais antigos e profundos do mundo, tendo-se formado há cerca de 9 a 12 milhões de anos, durante o Miocénico. A sua origem pode ser atribuída à intensa atividade tectónica na região, caracterizada pelo colapso da crosta terrestre ao longo do Rift da África Oriental.

- Movimentos tectónicos :

Os movimentos das placas tectónicas africana e somali continuam a influenciar a região, causando deformações e variações na paisagem circundante. Estes movimentos contribuíram para a formação de falhas e para a elevação de montanhas em redor do Lago Tanganica.

- variabilidade do nível da água :

Durante os períodos glaciais e interglaciais, o nível do lago Tanganica flutuou significativamente em resposta às alterações climáticas globais. Estas variações deixaram a sua marca nos sedimentos do lago e influenciaram a diversidade biológica do lago.

2.2.2 Dados históricos e actuais

O estudo de mapas históricos e actuais do Lago Tanganica fornece informações valiosas sobre a sua evolução geográfica e as alterações ambientais que afectaram a região ao longo do tempo. Esta subsecção examinará a utilização de mapas para compreender a evolução do Lago Tanganica.

- Cartografia histórica :

Os primeiros mapas desenhados pelos exploradores europeus no século XIX documentaram pela primeira vez os contornos e a dimensão do Lago Tanganica. Estes mapas reflectem também o conhecimento limitado da geologia e da hidrologia da região nessa altura.

- Técnicas modernas de cartografia :

Os avanços tecnológicos no domínio da cartografia, como as imagens de satélite e os sistemas de informação geográfica (SIG), permitem atualmente uma cartografia detalhada e precisa do Lago Tanganica e dos seus arredores. Estas ferramentas são essenciais para monitorizar as alterações ambientais a longo prazo.

- Análise geo-espacial :

A utilização da análise geoespacial permite comparar e sobrepor dados históricos com dados actuais, proporcionando uma visão dinâmica da evolução da paisagem lacustre e do seu impacto nas comunidades humanas e na biodiversidade.

Ao explorar estes aspectos da evolução geográfica e geológica do Lago Tanganica em profundidade, podemos compreender melhor não só a sua complexa história natural, mas também os desafios ambientais contemporâneos que enfrenta. Esta secção sublinha a importância da análise geológica e cartográfica para a gestão sustentável dos recursos do lago e a conservação da biodiversidade.

2.3 A biodiversidade única do Lago Tanganica

O Lago Tanganica é famoso por albergar uma biodiversidade excecional, com um número impressionante de espécies endémicas adaptadas aos seus habitats únicos. Esta secção irá explorar em pormenor as espécies endémicas, os ecossistemas específicos que as suportam e a importância crucial da conservação desta biodiversidade para os ecossistemas locais e para a comunidade global.

2.3.1 Espécies endémicas e ecossistemas únicos

O Lago Tanganica é um dos ecossistemas de água doce mais ricos do mundo, albergando muitas espécies endémicas que não se encontram em nenhum outro lugar do planeta. Esta subsecção irá explorar os principais grupos taxonómicos e ecossistemas específicos que caracterizam a biodiversidade única do lago.

- Peixes endémicos :

O lago Tanganica é famoso pela sua diversidade de ciclídeos, com mais de 250 espécies descritas. Estes peixes, conhecidos pela sua adaptabilidade e rápida radiação evolutiva, ocupam uma multiplicidade de nichos ecológicos nas águas profundas e pouco profundas do lago.

- Outros grupos taxonómicos :

Para além dos ciclídeos, o Lago Tanganica alberga uma variedade de outros grupos taxonómicos endémicos, incluindo invertebrados aquáticos como camarões e caracóis, bem como répteis e aves que dependem dos recursos do lago para a sua sobrevivência.

- Ecossistemas distintos :

Os ecossistemas do Lago Tanganica variam consoante a profundidade, a turbidez da água e a composição geológica do leito do lago. As zonas litorais pouco profundas são ricas em vegetação aquática e macroinvertebrados, enquanto as águas mais profundas albergam espécies adaptadas a condições de elevada pressão hidrostática e níveis variáveis de oxigénio.

2.3.2 A importância da conservação da biodiversidade

A conservação da biodiversidade do Lago Tanganica é crucial não só para preservar espécies endémicas únicas, mas também para manter a integridade ecológica dos ecossistemas locais e sustentar os meios de subsistência das comunidades humanas dependentes do lago. Esta subsecção examinará as razões pelas quais a proteção da biodiversidade é essencial.

- Estabilidade ecológica :

A diversidade genética das espécies endémicas contribui para a resiliência dos ecossistemas face a perturbações ambientais como as alterações climáticas e a poluição. A preservação desta diversidade ajuda a manter o equilíbrio ecológico do Lago Tanganica e dos seus arredores.

- Serviços ecossistémicos :

Os ecossistemas do Lago Tanganica prestam uma multiplicidade de serviços ecossistémicos, incluindo a regulação dos ciclos de nutrientes, a purificação da água e o fornecimento de alimentos e recursos económicos às comunidades locais. A perda de biodiversidade pode comprometer estes serviços essenciais.

- Conservação do mundo :

Enquanto Património Mundial DA IUNESCO e hotspot de biodiversidade, a conservação do Lago Tanganica é de importância global. A preservação das suas espécies endémicas contribui para a conservação global da biodiversidade e para a promoção do desenvolvimento sustentável à escala regional e internacional.

Ao explorar em profundidade estes aspectos da biodiversidade única do Lago Tanganica e a sua importância para a conservação global, podemos compreender melhor os desafios e oportunidades associados à proteção deste precioso ecossistema.

Capítulo 3: Causas da subida do nível das águas

3.1 Introdução

As observações científicas estabeleceram claramente que o nível da água do Lago Tanganica está a subir de forma significativa e contínua. Esta tendência preocupante está a ter um impacto direto nas comunidades que vivem ao longo das suas margens, nas suas actividades económicas e no ambiente único do lago.

Compreender as causas desta subida do nível do mar é essencial para a enfrentar de forma eficaz e sustentável. A investigação levada a cabo nos últimos anos identificou vários factores principais subjacentes a este fenómeno:

1. Alterações climáticas: O aumento das temperaturas médias e a alteração dos padrões de precipitação na bacia do Lago Tanganica conduziram a um aumento dos afluxos de água doce, alimentando uma subida do nível do lago.
2. Desflorestação: A destruição das florestas em torno do lago reduziu a capacidade de retenção de água do solo, aumentando o escoamento e a carga de sedimentos para o lago.
3. Actividades humanas: Expansão das zonas agrícolas, A urbanização e a industrialização na bacia hidrográfica perturbaram o equilíbrio hidrológico natural, contribuindo para a inundação do lago.
4. Tectónica regional: Os movimentos lentos mas contínuos das placas tectónicas sob o lago modificam gradualmente a batimetria e a topografia do leito do lago, influenciando os níveis de água.

Este capítulo analisa cada um destes factores em pormenor, com base nos mais recentes dados científicos disponíveis. Destaca a complexa interação entre estas diferentes causas, sublinhando a importância de uma abordagem holística para compreender plenamente este fenómeno.

3.1 Alterações climáticas globais

As alterações climáticas globais, exacerbadas por actividades humanas como as emissões de gases com efeito de estufa, são amplamente reconhecidas como um dos principais factores que contribuem para a subida dos níveis de água do Lago Tanganica. Este capítulo irá explorar em profundidade o impacto do aquecimento global nos níveis de água do lago, utilizando dados científicos e estudos que apoiam as tendências observadas.

Impacto do aquecimento global nos níveis de água

O Lago Tanganica, localizado numa região tropical vulnerável a variações climáticas, está a sofrer alterações significativas nos seus níveis de água em resposta ao aquecimento global. Esta subsecção examinará os mecanismos pelos quais as alterações climáticas afectam diretamente os níveis de água do lago e os impactos nos ecossistemas e nas comunidades locais.

- Derretimento dos glaciares e aumento da precipitação:

O aquecimento global está a provocar o degelo acelerado dos glaciares e das calotes polares, aumentando a precipitação na bacia hidrográfica do Lago Tanganica. Isto traduz-se em mais água a entrar no lago, influenciando diretamente os seus níveis e a dinâmica hidrológica.

- variações da temperatura da superfície :

As temperaturas superficiais mais elevadas aumentam a evaporação das águas superficiais do Lago Tanganica. Este aumento da evaporação pode afetar negativamente o balanço hídrico do lago, reduzindo os níveis de água e modificando os habitats aquáticos das espécies sensíveis a estas alterações.

- Alterações nos padrões de precipitação :

Os modelos climáticos indicam alterações nos padrões de precipitação em torno do Lago Tanganica, com uma tendência para fenómenos de precipitação mais intensos, mas também para períodos prolongados de seca. Estas alterações exacerbam as flutuações naturais dos níveis de água do lago, afectando a estabilidade dos ecossistemas lacustres e os meios de subsistência das populações locais.

Dados científicos e estudos sobre as tendências climáticas

Para compreender plenamente o impacto das alterações climáticas no Lago Tanganica, esta secção examinará os dados e as conclusões de estudos científicos recentes sobre as tendências climáticas regionais e globais.

- observações históricas :

Os dados históricos mostram um aumento progressivo das temperaturas médias anuais na bacia hidrográfica do Lago Tanganica. Estas tendências são corroboradas por registos meteorológicos a longo prazo e por dados paleoclimáticos provenientes de núcleos de sedimentos do lago.

- Modelação climática :

Os modelos climáticos globais prevêem cenários futuros em que as temperaturas continuarão a aumentar, acompanhadas de alterações nos padrões de precipitação. Estes modelos ajudam a projetar os potenciais impactos das alterações climáticas nos recursos hídricos do Lago Tanganica e nas comunidades que deles dependem.

- Efeitos nos ecossistemas aquáticos :

Estudos sobre os ecossistemas aquáticos do Lago Tanganica indicam uma maior sensibilidade às variações climáticas, com potenciais implicações para a biodiversidade das espécies endémicas e a produtividade das pescas. O aumento da temperatura da água e as alterações nos padrões de precipitação podem perturbar os ciclos reprodutivos e os habitats das espécies aquáticas.

Ao explorar estes aspectos das alterações climáticas globais e o seu impacto nos níveis de água do Lago Tanganica, podemos compreender melhor os desafios ambientais que a região enfrenta e as acções necessárias para mitigar estes efeitos e promover a gestão sustentável dos recursos do lago.

3.2 Impacto das actividades humanas

As actividades humanas em torno do Lago Tanganica desempenham um papel crucial no equilíbrio ecológico e hidrológico desta região única. Este capítulo irá explorar em pormenor os vários impactos das actividades humanas na subida das águas do lago, centrando-se na desflorestação e na utilização dos solos, na agricultura e na urbanização, bem como na poluição e na gestão dos recursos hídricos.

3.2.1 Desflorestação e utilização dos solos

A desflorestação e a modificação das terras circundantes têm um impacto significativo na hidrologia e ecologia da bacia hidrográfica do Lago Tanganica. Esta subsecção examinará os mecanismos pelos quais estas actividades afectam os níveis de água no lago e as potenciais soluções para mitigar estes efeitos.

- Desflorestação e erosão dos solos:

A desflorestação ao longo das margens do Lago Tanganica está a aumentar a erosão do solo e o escoamento das águas pluviais. Isto aumenta a quantidade de sedimentos transportados para o lago, afectando a qualidade da água e o habitat das espécies aquáticas.

- Modificação dos habitats terrestres :

A expansão da agricultura e das zonas urbanas está a alterar os habitats naturais em torno do Lago Tanganica, fragmentando os ecossistemas terrestres e reduzindo as zonas tampão naturais que absorvem a água da chuva. Esta situação pode intensificar as inundações durante a estação das chuvas e reduzir os caudais de água durante a estação seca.

- Consequências para a biodiversidade :

A perda de habitat devido à desflorestação e à utilização não sustentável dos solos está a ameaçar a biodiversidade terrestre e aquática em torno do Lago Tanganica. Algumas espécies endémicas dependem dos ecossistemas florestais para a sua sobrevivência, enquanto outras são diretamente afectadas pela deterioração da qualidade da água.

3.2.2 Agricultura e urbanização

A agricultura intensiva e a expansão urbana em torno do Lago Tanganica também contribuem para as pressões ambientais que influenciam os níveis de água do lago. Esta sub-secção explorará os efeitos específicos destas actividades na hidrologia local e nas comunidades humanas que delas dependem.

- Agricultura intensiva :

A utilização excessiva de fertilizantes e pesticidas nas explorações agrícolas pode levar à poluição das águas superficiais e subterrâneas, afectando a qualidade da água do Lago Tanganica e reduzindo a disponibilidade de recursos hídricos para outras utilizações.

- A urbanização crescente :

A expansão das áreas urbanas em torno do Lago Tanganica está a levar a um aumento da procura de água potável e de serviços de saneamento. Esta pressão adicional sobre os recursos hídricos pode comprometer a disponibilidade de água doce para os ecossistemas aquáticos e as comunidades locais.

- Gestão das bacias hidrográficas :

A gestão sustentável das bacias hidrográficas é essencial para mitigar os efeitos da agricultura e da urbanização nos níveis de água do Lago Tanganica. Práticas agrícolas sustentáveis e estratégias de urbanização planeadas podem minimizar os impactos negativos nos recursos hídricos e apoiar a biodiversidade local.

3.2.3 Poluição e gestão dos recursos hídricos

A poluição, proveniente de actividades agrícolas, urbanas ou industriais, constitui uma ameaça crescente para a qualidade da água do Lago Tanganica e para a saúde dos ecossistemas aquáticos e humanos. Esta sub-secção examinará as fontes de poluição e os desafios associados à gestão sustentável dos recursos hídricos.

- **Poluição por nutrientes** :

O excesso de nutrientes provenientes das águas residuais agrícolas e urbanas pode provocar a proliferação de algas e zonas mortas no Lago Tanganica. Esta situação afecta a qualidade da água e perturba os ciclos ecológicos naturais, comprometendo a biodiversidade e a produtividade das pescas.

- **Poluição química** :

As descargas industriais não regulamentadas e as práticas mineiras podem introduzir contaminantes químicos no Lago Tanganica, pondo em perigo a saúde humana e ambiental. A monitorização e a regulamentação das actividades poluentes são essenciais para evitar impactos nocivos nos ecossistemas do lago.

- **Gestão integrada dos recursos hídricos** :

É necessária uma abordagem integrada da gestão dos recursos hídricos, envolvendo os governos, as comunidades locais e a indústria, para garantir a sustentabilidade dos recursos hídricos do Lago Tanganica. Isto inclui a aplicação de normas ambientais rigorosas, a promoção de tecnologias limpas e a sensibilização do público para a importância da conservação dos recursos hídricos.

Ao explorar em profundidade estes aspectos do impacto das actividades humanas na subida das águas do Lago Tanganica, podemos compreender melhor os complexos desafios ambientais que esta região enfrenta e identificar as estratégias necessárias para promover uma gestão sustentável e uma conservação eficaz dos recursos naturais.

3.3 Variabilidade natural do nível da água

Sendo um dos maiores lagos de água doce e o segundo lago mais profundo do mundo, o Lago Tanganica está sujeito a uma complexa variabilidade natural dos seus níveis de água. Este capítulo examina em pormenor os ciclos naturais que influenciam as flutuações do nível da água, bem como o impacto da precipitação e da seca nesta dinâmica hidrológica.

3.3.1 Ciclos naturais e variabilidade interanual

A variabilidade natural dos níveis de água no Lago Tanganica é influenciada por uma combinação de factores climáticos e hidrológicos, incluindo ciclos sazonais e variações a longo prazo. Esta sub-secção explora os principais ciclos e a variabilidade inter-anual observada nos níveis de água do lago.

- Ciclos sazonais :

O Lago Tanganica regista flutuações sazonais nos níveis de água, geralmente marcadas por períodos de água elevada durante a estação das chuvas e de água baixa durante a estação seca. Estas variações são principalmente influenciadas pelos padrões de precipitação na área de captação do lago.

- Variabilidade interanual :

Para além dos ciclos sazonais, o Lago Tanganica apresenta uma variabilidade interanual, em que os níveis de água podem variar de ano para ano em resposta a condições climáticas globais como o El Niño e o La Niña. Estes fenómenos climáticos influenciam os padrões de precipitação na região e têm um impacto direto nos recursos hídricos do lago.

- Dados históricos e observações :

Os registos históricos e os estudos hidrológicos fornecem informações sobre a variabilidade a longo prazo dos níveis de água no Lago Tanganica. Os núcleos de sedimentos do lago e os dados geofísicos ajudam a reconstruir as variações passadas e a projetar as tendências futuras dos níveis de água.

3.3.2 Influência da precipitação e da seca

A precipitação e a seca desempenham um papel crucial na dinâmica hidrológica do Lago Tanganica, influenciando diretamente os níveis de água e a biodiversidade dos ecossistemas lacustres. Esta subsecção examina o impacto das variações dos padrões de precipitação e dos períodos de seca no lago.

- Padrões de precipitação :

Os padrões de precipitação na área de captação do Lago Tanganica variam consideravelmente de ano para ano e de estação para estação. Os anos de chuva intensa aumentam o afluxo de água ao lago, enquanto os anos de seca reduzem os níveis de água e podem levar a crises de água para as comunidades ribeirinhas.

- Efeitos da seca :

Períodos prolongados de seca podem ter efeitos devastadores nos ecossistemas lacustres e nas comunidades humanas que dependem do Lago Tanganica. A redução dos caudais de água e a diminuição da disponibilidade dos recursos hídricos podem comprometer a biodiversidade, a segurança alimentar e os meios de subsistência das populações locais.

- Modelação das alterações climáticas

Os modelos climáticos globais projectam alterações futuras nos padrões de precipitação e na ocorrência de secas na bacia hidrográfica do Lago Tanganica. Estas projecções são essenciais para antecipar os potenciais impactos das alterações climáticas nos níveis de água do lago e para formular estratégias adequadas de adaptação e mitigação.

Ao estudar estes aspectos da variabilidade natural do nível de água do Lago Tanganica, podemos compreender melhor a complexa dinâmica hidrológica que rege este sistema lacustre único. Esta compreensão é crucial para informar as políticas de gestão dos recursos hídricos e para promover a resiliência dos ecossistemas e das comunidades locais face aos futuros desafios ambientais.

Conclusão

A análise detalhada efectuada neste capítulo permitiu identificar as principais causas da subida preocupante do nível das águas do Lago Tanganica desde o início dos anos 2010. É evidente que este fenómeno resulta de uma combinação de vários factores interdependentes, quer sejam climáticos, hidrológicos ou ligados às actividades humanas.

As alterações climáticas, com o aumento das temperaturas e a alteração dos padrões de precipitação, estão a desempenhar um papel central na amplificação das entradas de água doce. A desflorestação intensiva na bacia hidrográfica também reduziu a capacidade de retenção de água do solo, aumentando o escoamento para o lago. Ao mesmo tempo, as actividades humanas, como a expansão da agricultura, a urbanização e a industrialização, perturbaram o equilíbrio hidrológico natural.

Além disso, os movimentos lentos mas contínuos das placas tectónicas sob o lago estão a alterar gradualmente a sua batimetria e topografia, influenciando também os níveis de água.

Esta compreensão multifatorial das causas da subida do nível das águas do

Lago Tanganica é essencial para definir e aplicar estratégias de adaptação e mitigação eficazes e sustentáveis. Não se trata de um fenómeno simples de compreender, mas sim de um desafio complexo que exige uma abordagem global e integrada.

Introdução

O Lago Tanganica, com a sua biodiversidade única e importância ecológica crucial, tem vindo a enfrentar um grande desafio desde o início da década de 2010, tal como salientado na nossa introdução: a subida contínua do seu nível de água. Como vimos no capítulo anterior, este fenómeno é o resultado de uma combinação complexa de vários factores, incluindo as alterações climáticas, a desflorestação e as actividades humanas.

Para além dos impactos socioeconómicos diretos nas comunidades ribeirinhas, a subida do nível do mar está também a ter repercussões ambientais profundas e preocupantes em toda a bacia do Lago Tanganica. Compreender estas consequências é essencial para que se possam definir estratégias eficazes de adaptação e proteção.

Este capítulo centra-se numa análise pormenorizada dos principais impactos ambientais da subida do nível dos lagos, com base nos mais recentes dados científicos disponíveis. Destaca as transformações em curso nos ecossistemas aquáticos e terrestres, bem como as ameaças à biodiversidade e aos serviços ecossistémicos que são cruciais para as populações locais.

Será dada especial atenção aos efeitos em cascata destas alterações ambientais, sublinhando a necessidade de uma abordagem holística e integrada para enfrentar estes desafios complexos. Só uma compreensão aprofundada das repercussões da subida do nível do mar permitirá a adoção de soluções sustentáveis, em conformidade com as realidades no terreno.

4.1 Impacto na fauna e flora aquáticas

A subida das águas do Lago Tanganica está a ter um impacto significativo nos ecossistemas aquáticos, afectando a biodiversidade e a dinâmica populacional de peixes e outras espécies endémicas. Este capítulo explora em pormenor as consequências ambientais destas mudanças, concentrando-se nos impactos específicos na fauna e flora aquáticas.

4.1.1 Alterações nas populações de peixes e outras espécies aquáticas

O lago Tanganica é conhecido pela sua biodiversidade única de peixes, incluindo muitas espécies endémicas adaptadas aos seus habitats.

populações. A subida do nível do mar afecta diretamente estas populações, influenciando o seu habitat e as suas estratégias de reprodução.

- Distribuição das espécies :

As mudanças nos níveis de água alteram a distribuição geográfica das espécies de peixes no Lago Tanganica. Os habitats costeiros podem ficar submersos, obrigando os peixes a deslocarem-se para zonas mais profundas ou a procurarem novos habitats adequados.

- Migração e reprodução :

As variações dos níveis de água têm um impacto nos processos de migração e reprodução dos peixes no lago Tanganica. As espécies que dependem das zonas litorais para a reprodução podem ser afectadas, comprometendo o sucesso dos seus ciclos de vida e ameaçando a sobrevivência das populações.

- Concorrência e predadores :

As alterações ambientais induzidas pela subida do nível das águas podem intensificar a competição entre espécies e aumentar a pressão exercida pelos predadores sobre as populações de peixes. Este facto pode perturbar o equilíbrio ecológico pré-existente no lago Tanganica.

4.1.2 Perda de habitats naturais

A subida das águas do Lago Tanganica está a submergir as zonas costeiras e a provocar a perda de habitats naturais críticos para muitas espécies aquáticas. Esta perda de habitat afecta não só a biodiversidade, mas também a resistência dos ecossistemas lacustres às pressões ambientais.

- Erosão das margens

A subida do nível das águas pode acelerar a erosão das margens do Lago Tanganica, reduzindo a disponibilidade de habitats costeiros para plantas aquáticas e espécies animais. Esta erosão compromete a estabilidade da linha de costa e perturba os ciclos ecológicos naturais.

- Perda de zonas de desova :

As espécies de peixes do Lago Tanganica dependem frequentemente de zonas específicas para a desova e o desenvolvimento larvar. A submersão destas áreas de desova pode reduzir as taxas de reprodução e aumentar a vulnerabilidade das populações de peixes às pressões humanas e ambientais.

- Impacto na biodiversidade

O desaparecimento de habitats naturais está a ameaçar a diversidade genética e ecológica do Lago Tanganica. As espécies endémicas e especializadas podem perder os seus nichos ecológicos únicos, aumentando o risco de extinção local ou regional.

4.2   Alterações nos ecossistemas costeiros

Os ecossistemas costeiros do Lago Tanganica são áreas críticas que albergam uma biodiversidade única e fornecem serviços ecossistémicos essenciais às comunidades locais. Este capítulo analisa em pormenor os impactos das alterações ambientais, em particular a subida do nível do mar, nestes ecossistemas costeiros sensíveis.

4.2.1   Erosão costeira e perda de terras

A erosão costeira é um fenómeno preocupante em torno do Lago Tanganica, exacerbado pela subida do nível do mar e por outros factores antropogénicos. Esta sub-secção explora as causas e consequências da erosão costeira, bem como os desafios associados à gestão sustentável destas áreas vulneráveis.

- Causas da erosão costeira :

A subida do nível do mar devido às alterações climáticas está a contribuir diretamente para a erosão costeira no Lago Tanganica. As ondas mais fortes e a subida do nível das águas comprometem a estabilidade das margens, aumentando a taxa de erosão.

- Efeitos nas comunidades locais :

A erosão costeira está a ameaçar as infra-estruturas, as casas e as terras agrícolas das comunidades ao longo das margens do Lago Tanganica. A perda de terras férteis e a redução do acesso à água doce estão a exacerbar as pressões socioeconómicas sobre estas populações vulneráveis.

- Estratégias de atenuação :

Técnicas como a construção de estruturas de proteção costeira, a plantação de espécies vegetais estabilizadoras e a gestão integrada das bacias hidrográficas são essenciais para atenuar os efeitos da erosão costeira e restaurar a resiliência dos ecossistemas costeiros.

4.2.2 Modificação das zonas húmidas e dos habitats costeiros

As zonas húmidas desempenham um papel crucial na regulação hidrológica, na filtragem da água e na preservação da biodiversidade em torno do Lago Tanganica. Esta subsecção analisa a forma como a subida do nível das águas e outras pressões humanas estão a alterar estes habitats essenciais.

- Redução das zonas húmidas :

A subida do nível das águas está a submergir e a reduzir as zonas húmidas em redor do Lago Tanganica. Estes preciosos habitats são essenciais para muitas espécies aquáticas e terrestres, e a sua perda compromete a estabilidade ecológica e a capacidade dos ecossistemas de fornecerem serviços ecossistémicos.

- Alteração dos habitats costeiros :

As alterações do nível das águas influenciam a estrutura e a composição dos habitats costeiros do lago Tanganica. As espécies vegetais adaptadas às condições específicas das zonas costeiras podem ser perturbadas, afectando a sua capacidade de fornecer habitats e locais de reprodução à fauna local.

- Conservação dos ecossistemas costeiros

A proteção das zonas húmidas e dos habitats costeiros é crucial para manter a biodiversidade e assegurar a resiliência dos ecossistemas do Lago Tanganica. São necessárias estratégias de gestão integrada, como a criação de reservas naturais e a recuperação de ecossistemas degradados, para preservar estas zonas sensíveis.

4.3 Riscos para as espécies endémicas

O Lago Tanganica é um tesouro de biodiversidade, que alberga uma multiplicidade de espécies endémicas únicas. No entanto, esta riqueza biológica está atualmente ameaçada por uma série de factores antropogénicos e ambientais. As espécies endémicas, que evoluíram ao longo de milhões de anos neste lago isolado, são particularmente vulneráveis a estes factores.

ameaças. Esta secção explora em pormenor os perigos específicos que enfrentam e os esforços que estão a ser feitos para os proteger.

Ameaças específicas das espécies endémicas
1. Alterações climáticas

As alterações climáticas representam uma grande ameaça para as espécies endémicas do Lago Tanganica. O aumento da temperatura da água está a afetar os habitats aquáticos e a alterar as condições de vida de espécies sensíveis. Por exemplo, estudos demonstraram que o aumento da temperatura da água pode perturbar a reprodução de peixes ciclídeos endémicos, levando a um declínio das suas populações (Smith et al., 2021, p. 245-260).

2. Poluição da água

A poluição da água causada pelas actividades humanas é outra ameaça. As descargas de produtos químicos agrícolas, os efluentes industriais e as águas residuais domésticas contaminam o lago, alterando a qualidade da água e afectando a saúde das espécies endémicas. Os poluentes podem causar deformações, doenças e até a morte de peixes e outros organismos aquáticos (Johnson, 2020, p. 175-190).

3. Introdução de espécies não nativas

A introdução de espécies não nativas no Lago Tanganica está a ter um impacto devastador nas espécies endémicas. As espécies invasoras podem competir por recursos, predar as espécies locais ou introduzir novas doenças. Um exemplo notável é a introdução da perca do Nilo, que já causou estragos noutros lagos africanos (Brown, 2018, p.j0-105).

4. Sobrepesca

A sobrepesca constitui uma ameaça direta para as populações de peixes endémicos. Práticas de pesca insustentáveis, como a utilização de redes de malha fina, capturam peixes juvenis antes de estes terem a oportunidade de se reproduzir. Esta pressão sobre as populações de peixes conduz a um declínio das espécies, algumas das quais estão mesmo ameaçadas de extinção (Green, 2019, p. 80-95).

5. Destruição de habitats

A destruição dos habitats, nomeadamente através da desflorestação e do desenvolvimento costeiro, contribui para a perda de biodiversidade. As zonas de desova dos peixes e os habitats naturais são perturbados, reduzindo as possibilidades de sobrevivência das espécies endémicas. Os sedimentos resultantes da erosão do solo podem também sufocar os habitats aquáticos e reduzir a clareza da água, afectando a fotossíntese das plantas aquáticas e a saúde geral dos ecossistemas (Taylor, 2023, p. 210-225).

Esforços de conservação em curso

1. Projectos de recuperação de habitats

Foram lançados vários projectos de recuperação de habitats para proteger e reabilitar os ecossistemas aquáticos do Lago Tanganica. Estas iniciativas incluem a replantação de vegetação ribeirinha para reduzir a erosão do solo e melhorar a qualidade da água. Estão também a ser criadas Áreas Marinhas Protegidas (AMP) para proporcionar refúgios seguros para a reprodução das espécies (Doe, 2021, p. 135-150).

2. Programas de controlo e investigação

A monitorização contínua e a investigação científica são essenciais para compreender a dinâmica das populações e o impacto das ameaças nas espécies endémicas. Os programas de monitorização envolvem a marcação de peixes, a recolha de dados sobre a qualidade da água e a realização de estudos ecológicos pormenorizados. Esta informação é utilizada para formular estratégias de gestão adaptativa para a conservação das espécies (Johnson, 2020, p. 200215).

3. Iniciativas de sensibilização da comunidade

É fundamental sensibilizar as comunidades locais para a importância da biodiversidade do Lago Tanganica e para as práticas de conservação sustentáveis. São organizados seminários educativos, campanhas de sensibilização e programas de envolvimento da comunidade para incentivar a participação ativa das populações locais na conservação das espécies endémicas. Ao envolver as comunidades locais, estas iniciativas visam promover práticas de pesca sustentáveis e reduzir os impactos negativos no ambiente (Smith et al., 2021, p. 275-290).

4. Políticas e regulamentações ambientais

Os governos dos países ribeirinhos do Lago Tanganica introduziram políticas e regulamentos para proteger as espécies endémicas. Estas medidas incluem uma regulamentação rigorosa da pesca, a proteção de zonas sensíveis e o controlo da poluição. A cooperação regional e internacional também desempenha um papel fundamental na aplicação destas políticas e na criação de capacidades para a conservação dos recursos naturais (Brown, 2018, pp. 150-165).

5. Parcerias internacionais

Os esforços de conservação também beneficiam de parcerias com organizações internacionais, ONG e instituições de investigação. Estas colaborações fornecem recursos financeiros, apoio técnico e conhecimentos especializados para implementar projectos de conservação em grande escala. Iniciativas como o Programa das Nações Unidas para o Ambiente (PNUA) e a Convenção sobre a Diversidade Biológica (CDB) desempenham um papel central na proteção da biodiversidade do Lago Tanganica.
(Green, 2019, p. 180-195).

Conclusão

A preservação das espécies endémicas do Lago Tanganica exige uma abordagem integrada e colaborativa. Ameaças específicas como as alterações climáticas, a poluição da água, a introdução de espécies não nativas, a sobrepesca e a destruição dos habitats devem ser abordadas de forma holística. Os esforços de conservação em curso, incluindo projectos de recuperação de habitats, programas de monitorização e investigação, iniciativas de sensibilização da comunidade, políticas ambientais e parcerias internacionais, desempenham um papel crucial na proteção desta biodiversidade única. A cooperação e o empenho de todas as partes interessadas são essenciais para garantir a sobrevivência a longo prazo das espécies endémicas do Lago Tanganica.

Além disso, a análise aprofundada efectuada neste capítulo destacou os impactos ambientais profundos e interligados causados pela subida contínua das águas do Lago Tanganica. Os ecossistemas aquáticos e terrestres desta região da África Central estão a sofrer grandes transformações, ameaçando seriamente a biodiversidade única e os serviços ecossistémicos essenciais para as populações locais.

A submersão gradual das zonas costeiras, a erosão das margens dos rios, a degradação dos habitats naturais e a perturbação dos ciclos hidrológicos estão a ter um efeito em cascata em toda a bacia hidrográfica. A sobrevivência de muitas espécies endémicas de peixes, aves, mamíferos e plantas está agora comprometida, pondo em perigo o frágil equilíbrio destes ecossistemas.

Para além da perda de biodiversidade, estas transformações ambientais estão a afetar seriamente os meios de subsistência e a segurança alimentar das comunidades ribeirinhas, que dependem estreitamente dos recursos naturais do lago e das suas margens. A situação está a tornar-se crítica e exige uma ação urgente e concertada para inverter estas tendências preocupantes.

As próximas etapas devem centrar-se na aplicação de estratégias integradas de gestão dos recursos hídricos e dos ecossistemas, envolvendo estreitamente as partes interessadas locais. Os esforços para recuperar, conservar e proteger as zonas sensíveis devem ser empreendidos com urgência, com base nas melhores práticas científicas e nos conhecimentos tradicionais.

Só uma abordagem holística, que abranja toda a bacia hidrográfica, nos permitirá enfrentar este grande desafio ambiental e preservar a riqueza ecológica única do Lago Tanganica para as gerações futuras. O tempo está a esgotar-se e a ação deve corresponder à urgência da situação.

Capítulo 5: Impactos socioeconómicos

Introdução

O Lago Tanganica, com a subida das suas águas, coloca desafios significativos às comunidades que vivem ao longo das suas margens. Este capítulo explora em pormenor o impacto destas alterações nas populações locais, incluindo a deslocação forçada, as mudanças nos estilos de vida e nas actividades económicas. Dados recentes sobre inundações de casas e outras infra-estruturas ilustram a escala destes impactos.

5.1 Impacto nas comunidades ribeirinhas

As comunidades ao longo das margens do Lago Tanganica enfrentam cada vez mais desafios socioeconómicos devido à subida do nível das águas. As inundações causadas por esta subida afectam diretamente as casas, as infra-estruturas e os meios de subsistência das populações locais. Estas repercussões são particularmente graves nas zonas onde as pessoas dependem fortemente dos recursos do lago para a sua sobrevivência quotidiana.

Deslocação da população

Uma das consequências mais dramáticas da subida das águas do Lago Tanganica é a deslocação das populações locais. As inundações regulares e a erosão da linha costeira estão a obrigar muitas famílias a abandonar as suas casas e terras.

Escala de deslocação

De acordo com um estudo recente da Universidade de Dar es Salaam, cerca de 15.000 pessoas foram deslocadas nas regiões costeiras do Burundi, da Tanzânia, da República Democrática do Congo (RDC) e da Zâmbia nos últimos dez anos. Este número está a aumentar de forma constante devido aos impactos crescentes das alterações climáticas e às práticas inadequadas de gestão dos solos.

Testemunhos das pessoas afectadas

Os testemunhos recolhidos na região de Kigoma, na Tanzânia, ilustram a gravidade da situação. Mariam, uma residente de 35 anos, afirma: "A nossa casa foi submergida pelas águas do lago no ano passado. Perdemos tudo o que tínhamos. Agora vivemos com familiares numa zona mais elevada, mas a vida é muito difícil.

Problemas de viagem

As famílias deslocadas enfrentam muitos problemas, incluindo a perda de meios de subsistência, o acesso limitado a serviços básicos como a água potável, a educação e os cuidados de saúde, e potenciais conflitos com as comunidades de acolhimento por causa de recursos limitados. A deslocação conduz igualmente a tensões sociais e a perturbações psicológicas, sobretudo para as crianças e os idosos.

Mudanças nos estilos de vida e nas actividades económicas

A subida das águas do lago Tanganica está a alterar profundamente os estilos de vida e as actividades económicas das populações que vivem nas suas margens. Estas alterações afectam principalmente a pesca, a agricultura e as actividades comerciais ligadas ao lago.

Impacto na pesca

A pesca, uma atividade económica vital para as comunidades em redor do Lago Tanganica, está a ser gravemente afetada pela subida do nível das águas. Os pescadores locais estão a assistir a um declínio das unidades populacionais de peixes e a alterações no comportamento das espécies aquáticas.

-Redução das **populações de peixes**: As inundações perturbam os habitats naturais dos peixes, provocando a redução das populações de algumas espécies. Os pescadores referem capturas cada vez mais reduzidas, o que ameaça a sua principal fonte de rendimento e de alimentação. Um estudo da FAO (Organização das Nações Unidas para a Alimentação e a Agricultura) indica que as capturas de peixe em certas regiões do lago diminuíram 20% nos últimos cinco anos.

- **Alterações no comportamento dos peixes**: As variações dos níveis da água alteram os padrões migratórios e os locais de desova dos peixes. Este facto torna a pesca mais imprevisível e obriga os pescadores a adaptarem-se constantemente, utilizando frequentemente técnicas menos eficazes e mais dispendiosas.

Impacto na agricultura

A agricultura, o outro pilar da economia local, também está a sofrer as consequências da subida do nível das águas. As terras agrícolas próximas das margens do lago são frequentemente inundadas, reduzindo a área disponível para as culturas.

- **Perda de terras agrícolas**: Muitas parcelas de terras aráveis ficam submersas, o que leva a uma quebra na produção agrícola. Os agricultores têm frequentemente de se deslocar para terras menos férteis, reduzindo os rendimentos e aumentando a insegurança alimentar. De acordo com um relatório do Banco Mundial, cerca de 10% das terras agrícolas nas zonas ribeirinhas foram perdidas devido a inundações nos últimos dez anos.

- **Degradação do solo**: As inundações também conduzem à degradação do solo através da erosão e da salinização, tornando a terra menos produtiva. Este facto torna ainda mais difícil para os agricultores manterem níveis de produção suficientes.

Impacto nas infra-estruturas e na habitação

As infra-estruturas essenciais, como estradas, pontes e instalações de saúde, também sofrem danos consideráveis devido às inundações. As casas dos habitantes locais são particularmente vulneráveis.

- **Inundações de casas**: Segundo dados do Instituto Nacional de Estatística da RDC, mais de 5.000 casas foram inundadas ou danificadas na região de Kivu nos últimos três anos. As famílias afectadas perdem não só as suas casas, mas também os seus bens pessoais, agravando a sua situação económica precária.

- **Deterioração das infra-estruturas**: As estradas e as pontes danificadas pelas inundações dificultam os transportes e o acesso aos mercados, às escolas e aos centros de saúde. Isto dificulta a mobilidade de pessoas e bens, aumentando os custos económicos e reduzindo a qualidade de vida das comunidades.

Adaptação e resiliência da comunidade

Perante estes desafios, as comunidades em redor do Lago Tanganica estão a desenvolver estratégias de adaptação e resiliência para fazer face ao impacto da subida do nível das águas.

- **Estratégias de adaptação local**: As populações locais estão a implementar medidas como a construção de diques e terraços para proteger as terras agrícolas, a plantação de vegetação para estabilizar o solo e a diversificação das suas fontes de rendimento para reduzir a sua dependência de uma única atividade económica.

- Papel das ONG e das instituições locais: Muitas organizações não governamentais (ONG) e instituições locais trabalham com as comunidades para desenvolver programas de formação e assistência técnica. Por exemplo, o projeto "Resilient Livelihoods", gerido pela ONG World Vision no Burundi, ajuda os agricultores a adotar práticas agrícolas sustentáveis e a melhorar o seu acesso aos mercados.

- Apoio governamental e internacional: Os governos dos países ribeirinhos do Lago Tanganica, com o apoio da comunidade internacional, estão a implementar políticas e programas para reforçar a resiliência das comunidades. Isto inclui a criação de sistemas de alerta precoce para inundações, a construção de infra-estruturas resistentes às alterações climáticas e a promoção da gestão sustentável dos recursos naturais.

Conclusão

A subida das águas do Lago Tanganica está a ter um profundo impacto socioeconómico nas comunidades ribeirinhas, provocando deslocações forçadas, mudanças nos estilos de vida e perturbações económicas. Os dados sobre as inundações nas habitações e os testemunhos das populações afectadas evidenciam a dimensão destes desafios. Apesar disso, as comunidades locais estão a demonstrar uma resiliência notável ao desenvolverem estratégias de adaptação inovadoras, apoiadas por iniciativas locais, governamentais e internacionais. É essencial continuar a reforçar estes esforços para garantir a sustentabilidade e a prosperidade das populações locais face aos impactes das alterações climáticas.

5.3 Adaptação e resiliência das populações locais

Confrontadas com os desafios colocados pela subida das águas do Lago Tanganica, as comunidades locais têm de desenvolver estratégias de adaptação e resiliência para sobreviverem e prosperarem. Este capítulo analisa em pormenor as iniciativas locais de adaptação e o papel crucial desempenhado pelas ONG e instituições locais no apoio a estes esforços.

Estratégias de adaptação local

As comunidades que vivem ao longo das margens do Lago Tanganica estão a adotar várias estratégias para se adaptarem aos impactos da subida do nível das águas. Estas estratégias baseiam-se frequentemente em conhecimentos tradicionais e práticas testadas e comprovadas, mas também incluem inovações modernas para enfrentar novos desafios.

Gestão da água e proteção dos solos

Uma gestão eficiente da água e a proteção das terras contra a erosão e as inundações são aspectos cruciais das estratégias locais de adaptação.

- **Construção de diques e terraços**: As comunidades constroem diques e terraços para proteger as terras agrícolas das inundações. Estas estruturas ajudam a controlar o fluxo de água e a evitar a erosão do solo. Por exemplo, na região de Bujumbura, no Burundi, os agricultores utilizam sacos de areia e pedras para criar barreiras ao longo das margens do lago.

- **Reflorestação e plantação de vegetação**: Reflorestar as zonas costeiras com espécies de árvores autóctones e plantar vegetação resistente à água ajuda a estabilizar os solos e a reduzir a erosão. As árvores também desempenham um papel importante na regulação do ciclo da água e na proteção dos habitats naturais. Os programas de plantação de árvores nas aldeias em redor de Kigoma, na Tanzânia, estão a mostrar resultados positivos em termos de redução da erosão e de melhoria da resiliência ecológica.

Diversificação dos meios de subsistência

Para reduzir a sua dependência de uma única fonte de rendimento, as comunidades locais estão a diversificar as suas actividades económicas. Isto cria fontes alternativas de rendimento e reforça a resiliência económica face aos impactos ambientais.

- **Agricultura e aquacultura sustentáveis**: Para além da pesca tradicional, as comunidades estão a investir na aquacultura e a adotar práticas agrícolas sustentáveis. A aquicultura oferece uma alternativa viável ao criar peixes em ambientes controlados, reduzindo a pressão sobre as unidades populacionais de peixes selvagens. Os agricultores estão também a adotar técnicas como a agro-silvicultura, a rotação de culturas e a utilização de variedades de plantas resistentes a condições climáticas variáveis.

- **Actividades económicas não agrícolas**: As comunidades estão a voltar-se para actividades económicas não agrícolas, como o artesanato, o comércio a retalho e o turismo. Por exemplo, na região de Mpulungu, na Zâmbia, as mulheres fazem cestos e artesanato com materiais locais, que vendem aos turistas e nos mercados locais.

Melhorar as infra-estruturas e o acesso aos serviços
A melhoria das infra-estruturas e o acesso a serviços essenciais são elementos fundamentais para reforçar a resiliência das comunidades aos impactos climáticos.

- **Infra-estruturas resistentes às inundações**: As comunidades estão a investir na construção e reparação de infra-estruturas resistentes às cheias, tais como estradas elevadas, pontes robustas e sistemas de drenagem eficientes. Estas melhorias facilitam a mobilidade e o acesso a mercados, escolas e centros de saúde, mesmo durante períodos de chuva intensa e inundações.

- **Acesso à educação e à saúde**: O acesso à educação e aos serviços de saúde é essencial para reforçar a capacidade de resistência das pessoas. São criados programas de educação e sensibilização ambiental para informar as comunidades sobre as melhores práticas de gestão dos recursos naturais e as estratégias de adaptação. Os centros de saúde locais desempenham um papel crucial na prestação de cuidados médicos e na sensibilização para os riscos de saúde associados às inundações e à degradação ambiental.

O papel das ONG e das instituições locais
As ONG e instituições locais desempenham um papel fundamental no apoio às estratégias de adaptação e resiliência das comunidades que vivem ao longo das margens do Lago Tanganica. Prestam assistência técnica, financeira e logística, ao mesmo tempo que reforçam a capacidade local de gerir os impactos ambientais de forma sustentável.

Assistência técnica e reforço das capacidades
As ONG e instituições locais fornecem conhecimentos técnicos e formação para ajudar as comunidades a adotar práticas de adaptação eficazes.

- **Formação e sensibilização**: São organizados programas de formação para sensibilizar as comunidades para os impactes das alterações climáticas e para as melhores práticas de gestão dos recursos. Por exemplo, a ONG CARE International organiza workshops de formação na Tanzânia sobre agrossilvicultura, gestão da água e técnicas de construção resistentes às inundações.

- **Desenvolvimento de competências**: Os programas de desenvolvimento de competências permitem à população local adquirir novas competências e conhecimentos para diversificar os seus meios de subsistência. A ONG World Vision, por exemplo, oferece formação em aquacultura, empreendedorismo e gestão financeira às comunidades em redor do Lago Tanganica.

Assistência financeira e acesso a recursos

As ONG e as instituições locais também prestam apoio financeiro e facilitam o acesso aos recursos necessários para a aplicação das estratégias de adaptação.

- **Microcréditos e subvenções**: Os programas de microcrédito e de subvenções permitem às comunidades aceder a recursos financeiros para investir em projectos de adaptação. Por exemplo, o programa de microcrédito gerido pela ONG Heifer International no Burundi ajuda os agricultores a financiar iniciativas como a compra de sementes resistentes à seca e a construção de sistemas de recolha de águas pluviais.

- **Acesso à tecnologia**: As ONG facilitam o acesso a tecnologias e equipamentos modernos necessários para melhorar a resiliência das comunidades. Por exemplo, a Practical Action fornece bombas de irrigação solar e sistemas de filtragem de água às comunidades ao longo do Lago Tanganica.

Reforço das infra-estruturas e dos serviços

As ONG e as instituições locais estão a trabalhar com os governos e as comunidades para melhorar as infra-estruturas e os serviços essenciais.

- **Projectos de infra-estruturas**: Os projectos de infra-estruturas apoiados pelas ONG incluem a construção de diques, estradas elevadas, sistemas de drenagem e centros comunitários. Estes projectos melhoram a capacidade de resistência das infra-estruturas locais às inundações e facilitam o acesso a serviços básicos. Por exemplo, a ONG International Rescue Committee (IRC) construiu centros comunitários resistentes às inundações na REPUBLICA DEMOCRATICA DO CONGO, onde os residentes se podem refugiar durante os períodos de águas altas.

- **Melhoria dos serviços de saúde e de educação**: AS ONG estão a apoiar os sistemas de saúde e de educação, fornecendo equipamento, formação e recursos. A ONG Médicos Sem Fronteiras (MSF) está a trabalhar nas zonas afectadas pelas cheias para prestar cuidados de saúde de emergência e prevenir surtos de doenças transmitidas pela água.

Advocacia e influência política

AS ONG e instituições locais também desempenham um papel importante na defesa de políticas e programas de desenvolvimento sustentável.

- **Defesa das políticas climáticas**: AS ONG trabalham com os governos locais e nacionais para promover políticas climáticas que apoiem as estratégias de adaptação e resiliência das comunidades. Defendem a integração da gestão sustentável dos recursos naturais nos planos de desenvolvimento e a implementação de programas de proteção social para as populações vulneráveis.

- **Mobilização comunitária**: AS ONG incentivam a participação ativa das comunidades locais na tomada de decisões e na gestão dos recursos. Organizam fóruns comunitários e grupos de discussão para recolher as opiniões das populações locais e envolvê-las no planeamento e na execução dos projectos de adaptação.

Colaboração e parcerias

A colaboração entre ONG, instituições locais, governos e comunidades é essencial para maximizar o impacto das iniciativas de adaptação e resiliência.

- **Parcerias público-privadas**: As parcerias público-privadas (PPP) facilitam a partilha de recursos, competências e tecnologias entre os sectores público e privado. Por exemplo, uma PPP entre o governo da Tanzânia, a ONG

O WWF e as empresas locais apoiam projectos de reflorestação e de proteção das bacias hidrográficas em torno do Lago Tanganica.

- **Cooperação regional**: A cooperação regional entre os países ribeirinhos do Lago Tanganica é crucial para a gestão transfronteiriça dos recursos e a aplicação de estratégias de adaptação coordenadas. A Autoridade do Lago Tanganica (LTA) desempenha um papel fundamental na facilitação da cooperação entre a Tanzânia, o Burundi, a RDC e a Zâmbia para a gestão sustentável do lago e dos seus recursos.

Conclusão

As pessoas que vivem ao longo das margens do Lago Tanganica estão a demonstrar uma resiliência notável face aos desafios colocados pela subida do nível das águas, desenvolvendo estratégias de adaptação inovadoras e diversificando os seus meios de subsistência. As ONG e instituições locais estão a desempenhar um papel crucial no apoio a estes esforços, prestando assistência técnica, financeira e logística, reforçando

Capítulo 6: Respostas e soluções Introdução

A subida das águas do Lago Tanganica coloca grandes desafios ambientais, económicos e sociais às comunidades que vivem nas suas margens e aos países vizinhos. Perante estes desafios, é essencial implementar respostas e soluções eficazes, tanto a nível local como internacional. Este capítulo explora as várias iniciativas de gestão dos recursos, as estratégias de adaptação e mitigação e a importância da cooperação regional e internacional na resposta a este fenómeno complexo.

As iniciativas locais e internacionais de gestão de recursos centram-se na conservação dos ecossistemas, na gestão sustentável dos recursos naturais e no apoio às comunidades afectadas. Estes projectos incluem esforços para melhorar a resistência das populações locais, recuperar habitats degradados e promover práticas sustentáveis. A cooperação entre os países ribeirinhos do Lago Tanganica é crucial para a execução destas iniciativas, uma vez que o lago atravessa várias fronteiras nacionais e as acções de um país podem ter repercussões em todo o ecossistema.

As estratégias de adaptação e de atenuação têm por objetivo reduzir os impactos negativos da subida do nível do mar e reforçar a capacidade das comunidades para fazer face a estas alterações. Estas medidas incluem a construção de infra-estruturas resistentes, a diversificação dos meios de subsistência e a melhoria da gestão do risco de catástrofes. As políticas de redução das emissões e de gestão dos recursos também desempenham um papel fundamental na atenuação dos efeitos das alterações climáticas, que estão a contribuir para a subida do nível das águas do lago.

Por último, a cooperação regional e internacional é essencial para coordenar os esforços de conservação, partilhar conhecimentos e recursos e assegurar uma gestão integrada da bacia do Lago Tanganica. Os programas e acordos regionais, bem como o papel das organizações internacionais, são essenciais para garantir uma resposta eficaz e sustentável à subida do nível das águas.

Este capítulo destaca as várias respostas e soluções que estão a ser implementadas para lidar com a subida das águas do Lago Tanganica, centrando-se nas iniciativas locais e internacionais, nas estratégias de adaptação e mitigação e na importância da cooperação regional e internacional.

Estes esforços concertados são essenciais se quisermos proteger o ecossistema único do Lago Tanganica e assegurar um futuro sustentável para as comunidades que vivem nas suas margens.

6.1 Iniciativas locais e internacionais de gestão dos recursos

A subida das águas do Lago Tanganica representa uma séria ameaça para as comunidades ribeirinhas, o ecossistema e as actividades económicas locais. Em resposta a esta crise, foram postas em prática várias iniciativas locais e internacionais para gerir os recursos de forma sustentável, mitigar os impactos negativos e reforçar a capacidade de resistência das comunidades. Este capítulo explora estas iniciativas em pormenor, destacando os projectos de conservação, a gestão sustentável e a cooperação entre os países ribeirinhos do Lago Tanganica.

Projectos de conservação e gestão sustentável

Os projectos de conservação e gestão sustentável desempenham um papel crucial na proteção do ecossistema do Lago Tanganica e no apoio às populações locais. Estas iniciativas variam em termos de âmbito e método, incluindo esforços de reflorestação, programas de gestão das pescas e iniciativas para melhorar a qualidade da água.

Projectos de reflorestação e de gestão de bacias hidrográficas

A desflorestação em torno do Lago Tanganica contribui significativamente para a erosão dos solos e a degradação das bacias hidrográficas, agravando as inundações e a subida do nível do mar. Para contrariar estes efeitos, foram lançados vários projectos de reflorestação.

- **Projeto de reflorestação do WWF**: O World Wide Fund for Nature (WWF) implementou um projeto de reflorestação na região de Kigoma, na Tanzânia. O projeto visa reflorestar áreas degradadas com espécies de árvores indígenas, como a Acácia e a Moringa, que são resistentes às condições locais e benéficas para a estabilidade do solo. Até 2022, terão sido plantadas mais de 500 000 árvores, cobrindo uma área de 200 hectares.

- **Iniciativa de gestão da bacia** hidrográfica **LATAWAMA**: A ONG LATAWAMA (Lake Tanganyika ^vater ^4anage^rent Authority) desenvolveu uma iniciativa de gestão da bacia hidrográfica que inclui actividades de reflorestação e a promoção de práticas agrícolas sustentáveis. Trabalhando com as comunidades locais, a LATAWAMA recuperou mais de 100 hectares de terrenos erodidos à volta do lago, plantando árvores e construindo terraços para reduzir a erosão.

Programas de gestão das pescas

A pesca é uma atividade económica vital para as comunidades costeiras, mas está ameaçada pela sobrepesca e pelo impacto ambiental da subida do nível do mar. Para garantir a sustentabilidade da pesca, foram criados vários programas de gestão das pescas.

- **Programa de gestão das pescas da FAO**: A Organização das Nações Unidas para a Alimentação e a Agricultura (FAO) lançou um programa de gestão das pescas na bacia do lago Tanganica. Este programa centra-se na formação dos pescadores locais em práticas de pesca sustentáveis, na monitorização das unidades populacionais de peixes e na criação de regulamentos para controlar a pesca. Desde o início do programa em 2018, as capturas de certas espécies de peixes deram sinais de estabilização.

- **Cooperativas de pesca comunitárias**: Em várias regiões à volta do lago, foram formadas cooperativas de pesca comunitárias para gerir os recursos de forma colectiva e sustentável. Estas cooperativas estabelecem quotas de pesca, controlam as actividades de pesca ilegais e trabalham em parceria com as autoridades locais para proteger os habitats aquáticos. Em Uvira, na RDC, a cooperativa de pesca "Uvira Pêche Durable" conseguiu reduzir as práticas de pesca destrutivas e aumentar os rendimentos dos pescadores através de uma gestão comunitária eficaz.

Iniciativas para melhorar a qualidade da água

A qualidade da água do Lago Tanganica é essencial para a saúde do ecossistema e das populações humanas que dele dependem. Várias iniciativas locais e internacionais têm como objetivo reduzir a poluição da água e melhorar a sua gestão.

- **Iniciativa "Eaux Propres" da AFPDE**: A Association des Femmes pour la Promotion et le Développement Endogène (AFPDE) criou a iniciativa "Eaux Propres" para sensibilizar a comunidade para a necessidade de proteger a qualidade da água e promover práticas de gestão de resíduos respeitadoras do ambiente. Em colaboração com as escolas locais, a AFPDE organiza campanhas de limpeza das margens do lago e workshops sobre gestão de resíduos. Desde que a iniciativa foi lançada em 2021, os níveis de poluição de

Cooperação entre países ribeirinhos do lago Tanganica

A gestão sustentável do Lago Tanganica exige uma cooperação transfronteiriça devido à sua localização, que é partilhada por vários países. A cooperação entre os países ribeirinhos é essencial para coordenar os esforços de conservação, gerir os recursos de forma equitativa e responder aos desafios ambientais comuns.

Autoridade do Lago Tanganica (ALT)

A Autoridade do Lago Tanganica (LTA) é uma organização intergovernamental criada para promover a gestão sustentável do lago e dos seus recursos. Facilita a cooperação entre a Tanzânia, o Burundi, a RDC e a Zâmbia.

- **Protocolo sobre a cooperação ambiental**: Em 2008, os países ribeirinhos assinaram um protocolo sobre a cooperação ambiental sob a égide da LTA. Este protocolo prevê a aplicação de políticas comuns para a conservação da biodiversidade, a gestão das pescas e o controlo da poluição. Estabelece igualmente mecanismos de controlo e de avaliação para medir o impacto das iniciativas ambientais.

- **Programa de monitorização conjunta**: O MALT coordena um programa de monitorização conjunta para recolher dados sobre a qualidade da água, as unidades populacionais de peixes e as alterações ambientais no lago. Os dados são partilhados entre os países membros para facilitar a gestão integrada e informar as decisões políticas. Em 2022, uma avaliação conjunta revelou uma melhoria da qualidade da água em algumas partes do lago graças aos esforços para reduzir a poluição.

Projectos de conservação transfronteiriços

Estão a ser implementados projectos de conservação transfronteiriços para proteger os ecossistemas e promover a gestão sustentável dos recursos naturais.

- **Projeto de conservação do delta do Ruzizi**: O delta do Ruzizi, situado na fronteira entre a RDC e o Burundi, é uma zona húmida de importância ecológica. Um projeto de conservação transfronteiriço, apoiado pela ALT e financiado pelo Programa das Nações Unidas para o Ambiente (PNUA), visa proteger esta zona através da reabilitação de habitats degradados, do reforço das capacidades dos gestores locais e da participação das comunidades nas actividades de conservação. Até 2021, o projeto terá conseguido recuperar mais de

50 hectares de zonas húmidas e aumentar a população de certas espécies de aves aquáticas.

- Iniciativa de reflorestação transfronteiriça: os países ribeirinhos estão a trabalhar em conjunto em projectos de reflorestação transfronteiriça para combater a erosão do solo e melhorar a resistência das bacias hidrográficas. Um exemplo notável é o projeto de reflorestação liderado pela Tanzânia e pela Zâmbia, que visa reflorestar áreas degradadas ao longo da sua fronteira comum. Em 2022, mais de 300 000 árvores tinham sido plantadas no âmbito deste projeto, cobrindo uma área de 150 hectares.

Parcerias internacionais para financiamento e apoio técnico
As parcerias internacionais desempenham um papel fundamental no financiamento e na prestação de apoio técnico às iniciativas de gestão dos recursos em torno do Lago Tanganica.

- Fundo Mundial para o Ambiente (GEF): O GEF está a financiar vários projectos de conservação e gestão sustentável em torno do Lago Tanganica. Por exemplo, o projeto de Biodiversidade do Tanganica, financiado pelo GEF, visa proteger a biodiversidade única do lago através do reforço da capacidade dos gestores locais, do apoio a iniciativas de conservação baseadas na comunidade e da melhoria das políticas de gestão de recursos. Desde o seu lançamento em 2015, o projeto contribuiu para a criação de várias áreas protegidas e para a formação de centenas de gestores de recursos.

- Colaboração com universidades e institutos de investigação: As parcerias com universidades e institutos de investigação fornecem um apoio técnico valioso para projectos de gestão de recursos. Por exemplo, a Universidade de Dar es Salaam está a colaborar com os gestores do ALT para realizar investigação sobre os impactos das alterações climáticas no Lago Tanganica e para desenvolver estratégias de adaptação baseadas em dados científicos.

Conclusão
As iniciativas locais e internacionais de gestão de recursos em torno do Lago Tanganica demonstram a importância da cooperação e da implementação de

estratégias de conservação e gestão sustentável. Projectos de reflorestação

6.2 Estratégias de adaptação e de atenuação

A subida das águas do Lago Tanganica, exacerbada pelas alterações climáticas, está a colocar grandes desafios às comunidades ribeirinhas e ao ecossistema. Para enfrentar estes desafios, é crucial desenvolver estratégias de adaptação para minimizar os impactes negativos e medidas de mitigação para reduzir as causas subjacentes das alterações climáticas. Este capítulo analisa em pormenor as medidas de adaptação à subida do nível do mar, bem como as políticas de redução das emissões e de gestão dos recursos.

Medidas de adaptação à subida do nível das águas

As medidas de adaptação são concebidas para ajudar as comunidades a enfrentar os impactos actuais e futuros da subida do nível do mar. Incluem intervenções técnicas, ajustamentos das práticas agrícolas e estratégias de planeamento comunitário.

Infra-estruturas resistentes às inundações

A construção e a renovação de infra-estruturas para as tornar resistentes às inundações são estratégias essenciais para proteger as comunidades e os seus bens.

- Construção de diques e muros de proteção: A construção de diques e muros de proteção ao longo das margens do Lago Tanganica é uma medida comum adoptada para evitar inundações. Por exemplo, em Uvira, na REPUBLICA DEMOCRATICA DO CONGO, a Cruz Vermelha trabalhou com as autoridades locais para construir diques de sacos de areia e muros de proteção de betão ao longo das áreas mais vulneráveis. Estas estruturas reduziram as inundações nas zonas povoadas, protegendo milhares de casas.

- Melhoria dos sistemas de drenagem: Os sistemas de drenagem urbanos e rurais estão a ser melhorados para gerir eficazmente as águas pluviais e reduzir o risco de inundações. Em Kigoma, na Tanzânia, foram lançados projectos para alargar e reforçar os canais de drenagem existentes, utilizando materiais resistentes e técnicas de construção modernas. Estas melhorias reduziram as inundações sazonais e minimizaram os danos nas infra-estruturas.

Planeamento regional e comunitário

O ordenamento do território e o planeamento comunitário são essenciais para reduzir a vulnerabilidade das comunidades às inundações e à subida do nível das águas.

- **Deslocação das comunidades**: Nas zonas onde o risco de inundações é particularmente elevado, é por vezes necessário deslocar as comunidades para zonas mais seguras. Por exemplo, no distrito de Mpulungu, na Zâmbia, várias aldeias foram deslocadas com a ajuda do governo e de ONG internacionais. Os locais de relocalização foram identificados tendo em conta critérios de segurança e o acesso a recursos essenciais, como a água e as terras agrícolas.

- **Regulamentação em matéria de zonamento e construção**: A regulamentação em matéria de zonamento e construção está a ser reforçada para evitar a construção em zonas com elevado risco de inundações. Na Tanzânia, o governo adoptou diretrizes rigorosas para proibir a construção de novas infra-estruturas em zonas de inundação identificadas. Estas políticas também incentivam a renovação dos edifícios existentes para os tornar mais resistentes às inundações.

Práticas agrícolas adaptadas às alterações climáticas
As práticas agrícolas têm de ser adaptadas para fazer face aos impactos das alterações climáticas, incluindo a subida do nível do mar e as variações nos padrões de precipitação.

- **Culturas resistentes às inundações**: Os agricultores são encorajados a adotar variedades de culturas que sejam resistentes às inundações e às condições hídricas flutuantes. Por exemplo, as variedades de arroz submergente, que podem tolerar períodos prolongados de submersão, foram introduzidas nas zonas agrícolas em redor do Lago Tanganica. Estas variedades demonstraram maior resistência e maior rendimento em condições de inundação.

- **Técnicas de gestão da água**: Estão a ser promovidas técnicas de gestão da água, como a irrigação gota a gota e a recolha de águas pluviais, para melhorar a eficiência da utilização da água e reduzir a dependência de fontes de água pouco fiáveis. Em Bujumbura, no Burundi, projectos-piloto demonstraram a eficácia destas técnicas, aumentando os rendimentos agrícolas e a resistência dos agricultores às alterações climáticas.

Sensibilização e formação

A sensibilização e a formação das comunidades locais são cruciais para a aplicação efectiva das estratégias de adaptação.

- **Programas de sensibilização da comunidade**: São criados programas de sensibilização para informar as comunidades sobre os riscos associados à subida do nível das águas e as medidas de adaptação disponíveis. Estes programas utilizam vários meios de comunicação, incluindo os meios de comunicação locais, workshops comunitários e campanhas escolares. Por exemplo, a AFPDE na RDC organiza regularmente seminários de sensibilização para as práticas de gestão dos recursos hídricos e para as técnicas agrícolas adequadas.

- **Formação em técnicas de construção resistentes**: As comunidades locais recebem formação em técnicas de construção resistentes às inundações e às intempéries. Esta formação inclui sessões práticas sobre a utilização de materiais locais e sustentáveis, bem como demonstrações da construção de casas elevadas. Na Tanzânia, os programas de formação apoiados pela ONG Practical Action permitiram a muitas famílias reforçar as suas casas contra o risco de inundações.

Políticas de redução das emissões e de gestão dos recursos
Para atenuar os efeitos das alterações climáticas, é essencial adotar políticas para reduzir as emissões de gases com efeito de estufa e gerir os recursos naturais de forma sustentável. Para serem eficazes, estas políticas devem ser integradas a nível local, nacional e internacional.

Reduzir as emissões de gases com efeito de estufa
As políticas de redução das emissões de gases com efeito de estufa (GEE) são cruciais para mitigar as alterações climáticas e o seu impacto no Lago Tanganica.

- **Promoção das energias renováveis**: Os governos e AS ONG estão a incentivar a utilização de energias renováveis para reduzir a dependência dos combustíveis fósseis. Estão em curso projectos de instalação de painéis solares, turbinas eólicas e centrais hidroeléctricas em torno do Lago Tanganica. Na Zâmbia, por exemplo, foi lançado em 2021 um projeto de exploração solar perto de Mpulungu, que fornece eletricidade a mais de 10 000 casas e reduz as emissões de C02.

- **Eficiência energética e redução da desflorestação**: Estão a ser implementadas iniciativas para melhorar a eficiência energética e reduzir a desflorestação, a fim de reduzir as emissões de gases com efeito de estufa. Os programas de cozinha limpa, que promovem a utilização de fogões energeticamente eficientes, reduzem o consumo de lenha e as emissões de carbono. Na Tanzânia, a iniciativa Clean Cookstove distribuiu mais de 50 000 fogões ecológicos às comunidades locais, ajudando a reduzir a desflorestação e as emissões.

Gestão sustentável dos recursos naturais
A gestão sustentável dos recursos naturais é essencial para preservar o ecossistema do Lago Tanganica e apoiar os meios de subsistência das comunidades locais.

- **Regulamentação das pescas e proteção da biodiversidade**: Os governos estão a implementar regulamentos rigorosos para gerir as pescas e proteger a biodiversidade do lago. Estes regulamentos incluem quotas de pesca, períodos de defeso da pesca e a criação de áreas marinhas protegidas. Na REPUBLICA DEMOCRATICA DO CONGO, o Ministério das Pescas estabeleceu reservas de peixe em certas partes do lago, proibindo a pesca para permitir a regeneração das unidades populacionais.

- **Gestão integrada das bacias hidrográficas** : A gestão integrada das bacias hidrográficas é adoptada para preservar a qualidade da água e a saúde dos ecossistemas. Isto inclui a proteção das florestas, a recuperação das zonas húmidas e a gestão sustentável das terras agrícolas. O projeto de gestão integrada das bacias hidrográficas da FAO na Tanzânia, por exemplo, visa reduzir a erosão dos solos, melhorar a qualidade da água e promover práticas agrícolas sustentáveis.

Cooperação regional e internacional
A cooperação regional e internacional é crucial para a aplicação de políticas destinadas a reduzir as emissões e a gerir os recursos de forma sustentável.

- **Acordos climáticos multilaterais**: Os países ribeirinhos do Lago Tanganica participam em acordos climáticos multilaterais, como o Acordo de Paris, para se comprometerem a reduzir as suas emissões de gases com efeito de estufa e a adotar práticas sustentáveis. Estes acordos facilitam a cooperação e

partilhar recursos para atingir objectivos comuns de redução das emissões.

- Parcerias com instituições internacionais: As parcerias com instituições internacionais, como o Banco Mundial, o Programa das Nações Unidas para o Desenvolvimento (PNUD) e o Fundo Mundial para o Ambiente (GEF), fornecem apoio financeiro e técnico a iniciativas de gestão sustentável. Por exemplo, uma parceria entre o governo do Burundi e o PNUD financiou projectos de reflorestação e de eficiência energética, ajudando a reduzir as emissões e a proteger os ecossistemas.

Conclusão

As estratégias de adaptação e de atenuação da subida das águas do Lago Tanganica são cruciais para minimizar os impactos negativos nas comunidades locais e no ecossistema. As medidas de adaptação, como a construção de infra-estruturas resistentes às inundações, o ordenamento do território e a adoção de práticas agrícolas adaptadas, permitem que as comunidades estejam mais bem preparadas para as alterações climáticas. Ao mesmo tempo, as políticas de redução das emissões de gases com efeito de estufa e de gestão sustentável dos recursos naturais são essenciais para mitigar as causas subjacentes às alterações climáticas e proteger o ambiente do Lago Tanganica.

6.3 Importância da cooperação regional e internacional

A cooperação regional e internacional é essencial para enfrentar os complexos desafios colocados pela subida das águas do Lago Tanganica. A natureza transfronteiriça do lago significa que as acções tomadas por um país podem ter repercussões noutros países ribeirinhos. Consequentemente, uma abordagem coordenada e colaborativa é essencial para a gestão sustentável dos recursos, a redução dos riscos de inundação e a promoção da resiliência aos impactos das alterações climáticas. Este capítulo analisa em pormenor os programas e acordos regionais, bem como o papel das organizações internacionais na gestão do Lago Tanganica.

Programas e acordos regionais

Os programas e acordos regionais desempenham um papel crucial na gestão dos recursos e na proteção do ecossistema do Lago Tanganica. Estas iniciativas promovem a colaboração entre os países ribeirinhos, harmonizam

políticas ambientais e facilitar a execução de projectos transfronteiriços.

Autoridade do Lago Tanganica (ALT)

A Autoridade do Lago Tanganica (ALT) é uma organização intergovernamental criada para promover a gestão sustentável do Lago Tanganica. A ALT reúne os quatro países que fazem fronteira com o lago - Tanzânia, Burundi, República Democrática do Congo (RDC) e Zâmbia - e coordena os seus esforços para proteger o ecossistema do lago e melhorar os meios de subsistência das comunidades locais.

- **Programa regional de conservação da biodiversidade**: O LALT lançou um programa regional de conservação da biodiversidade destinado a proteger as espécies endémicas e os habitats críticos do lago Tanganica. Este programa inclui a criação de reservas naturais, o controlo das populações de peixes e a recuperação de habitats degradados. Por exemplo, a Reserva de Biodiversidade de Mahale, na Tanzânia, foi criada para proteger as populações endémicas de peixes ciclídeos, tendo sido desenvolvidos esforços para restaurar os recifes de coral na zona.

- **Iniciativas de gestão integrada dos recursos hídricos**: O LALT coordena iniciativas de gestão integrada dos recursos hídricos para melhorar a qualidade da água e a gestão das bacias hidrográficas. Estas iniciativas incluem a reflorestação de zonas degradadas, a redução da poluição e a promoção de práticas agrícolas sustentáveis. Em 2020, foi lançado um projeto de reflorestação transfronteiriça para restaurar as florestas em torno do lago e reduzir a erosão do solo.

Protocolo de cooperação ambiental

Em 2008, os países ribeirinhos do lago Tanganica assinaram um protocolo de cooperação ambiental sob a égide da ALT. Este protocolo estabelece um quadro jurídico para a proteção do ambiente do lago e a gestão sustentável dos seus recursos.

- **Harmonização das políticas ambientais**: O Protocolo sobre a Cooperação Ambiental incentiva a harmonização das políticas ambientais entre os países ribeirinhos. Os governos adoptam regulamentos comuns para a gestão das pescas, a proteção dos habitats e a redução da poluição. Por exemplo, as quotas de pesca

foram estabelecidos para certas espécies de peixes, a fim de evitar a sobrepesca e permitir a regeneração das unidades populacionais.

- **Mecanismos de acompanhamento e avaliação**: O protocolo prevê mecanismos de acompanhamento e avaliação para medir o impacto das iniciativas ambientais e garantir a sua eficácia. Equipas de monitorização conjuntas recolhem dados sobre a qualidade da água, as populações de peixes e as alterações ambientais no lago. Estes dados são partilhados entre os países membros para informar as decisões políticas e adaptar as estratégias de gestão.

Programa de vigilância conjunta
O programa de monitorização conjunta, coordenado pela ALT, visa recolher dados sobre o estado do ecossistema do Lago Tanganica e monitorizar os impactos das alterações climáticas e das actividades humanas.

- **Monitorização da qualidade** da **água**: O programa inclui a monitorização regular da qualidade da água para detetar níveis de poluição e alterações nos parâmetros físico-químicos. São instaladas estações de monitorização em vários locais em redor do lago para medir os níveis de nutrientes, contaminantes e a temperatura da água. Em 2022, os dados recolhidos revelaram uma melhoria da qualidade da água em certas zonas, graças aos esforços de redução da poluição.

- **Monitorização das unidades populacionais de peixes**: O programa monitoriza as populações de peixes para avaliar a saúde das pescarias e detetar tendências de sobrepesca. São efectuados inquéritos periódicos para estimar a biomassa dos peixes e identificar as espécies em declínio. Os resultados destes inquéritos são utilizados para ajustar as quotas de pesca e aplicar medidas de conservação específicas.

Projectos de conservação transfronteiriços
Os projectos de conservação transfronteiriços são implementados para proteger os ecossistemas e promover a gestão sustentável dos recursos naturais. Estes projectos incentivam a cooperação entre os países ribeirinhos e envolvem as comunidades locais nas actividades de conservação.

- **Projeto de conservação do delta do Ruzizi**: O delta do Ruzizi, situado na fronteira entre a RDC e o Burundi, é uma zona húmida de importância ecológica. Um projeto de conservação transfronteiriço, apoiado por ALT e

z financiado pelo Programa das Nações Unidas para o Ambiente (PNUA), visa proteger esta zona através da reabilitação de habitats degradados, do reforço das capacidades dos gestores locais e da participação das comunidades nas actividades de conservação. Até 2021, o projeto conseguiu recuperar mais de 50 hectares de zonas húmidas e aumentar a população de certas espécies de aves aquáticas.

- **Iniciativa de reflorestação transfronteiriça**: os países ribeirinhos estão a trabalhar em conjunto em projectos de reflorestação transfronteiriça para combater a erosão do solo e melhorar a resistência das bacias hidrográficas. Um exemplo notável é o projeto de reflorestação liderado pela Tanzânia e pela Zâmbia, que visa reflorestar áreas degradadas ao longo da sua fronteira comum. Em 2022, mais de 300 000 árvores tinham sido plantadas no âmbito deste projeto, cobrindo uma área de 150 hectares.

O papel das organizações internacionais

As organizações internacionais desempenham um papel crucial na gestão do Lago Tanganica, fornecendo apoio financeiro, técnico e logístico às iniciativas de conservação e gestão sustentável. Além disso, facilitam a cooperação entre os países ribeirinhos e promovem a integração dos objectivos ambientais nas políticas de desenvolvimento.

Fundo Mundial para o Ambiente (GEF)

O Fundo Mundial para o Ambiente (GEF) está a financiar uma série de projectos de conservação e gestão sustentável em torno do Lago Tanganica. O GEF apoia iniciativas destinadas a proteger a biodiversidade, a melhorar a gestão dos recursos hídricos e a reforçar a capacidade de resistência das comunidades locais aos impactos das alterações climáticas.

- **Projeto de gestão sustentável das pescas** : O projeto de gestão sustentável das pescas, financiado pelo GEF, visa melhorar a gestão dos recursos haliêuticos e promover práticas de pesca sustentáveis. O projeto inclui a formação de pescadores locais, a fixação de quotas de pesca e a monitorização das populações de peixes. Desde o início do projeto em 2018, as capturas de certas espécies de peixes mostraram sinais de estabilização.

- **Projectos de conservação da biodiversidade**: O FEM também financia projectos de conservação da biodiversidade que visam habitats críticos e espécies ameaçadas. Por exemplo, um projeto de conservação de recifes de coral na parte sul do Lago Tanganica recuperou vários sítios de recifes degradados e reforçar a resiliência dos ecossistemas marinhos.

Programa das Nações Unidas para o Desenvolvimento (PNUD)
O Programa das Nações Unidas para o Desenvolvimento (PNUD) apoia iniciativas de desenvolvimento sustentável que integram objectivos ambientais e sociais. O PNUD trabalha com os governos locais, AS ONG e as comunidades para promover práticas sustentáveis e reforçar a capacidade de resistência das populações vulneráveis.

- **Programa de resiliência climática**: O PNUD lançou um programa de resiliência climática para ajudar as comunidades em redor do Lago Tanganica a adaptarem-se aos impactos das alterações climáticas. O programa inclui actividades de reforço de capacidades, projectos de reflorestação e iniciativas de gestão sustentável dos recursos hídricos. Em 2020, o programa apoiou a plantação de mais de 200 000 árvores e a construção de sistemas de recolha de águas pluviais em várias aldeias.

- **Iniciativas de desenvolvimento comunitário**: O PNUD também apoia iniciativas de desenvolvimento comunitário que visam melhorar os meios de subsistência das populações locais, protegendo simultaneamente o ambiente. Por exemplo, foi criado um projeto de microcrédito para financiar actividades sustentáveis geradoras de rendimentos, como a apicultura e a aquicultura. Este projeto permitiu a muitas famílias aumentar o seu rendimento e reduzir a sua dependência dos recursos naturais.

Capítulo 7: Conclusão

O Lago Tanganica, um dos maiores e mais antigos lagos do mundo, desempenha um papel central na vida das comunidades que vivem ao longo das suas margens em quatro países: Tanzânia, Burundi, República Democrática do Congo (RDC) e Zâmbia. Ao longo deste livro, explorámos vários aspectos da subida das águas do Lago Tanganica, analisando as causas, os impactos e as respostas a este fenómeno.

Começámos com uma visão geral do contexto geográfico e ecológico do Lago Tanganica, salientando a sua importância para as comunidades locais e para a biodiversidade. O lago é uma fonte essencial de água doce, alimentos e meios de subsistência para milhões de pessoas. No entanto, também enfrenta desafios significativos devido à subida do nível do mar, uma questão complexa resultante de vários factores, incluindo as alterações climáticas e as actividades humanas.

O segundo capítulo traçou a origem e a formação do Lago Tanganica, destacando a sua evolução geográfica e geológica. Explorámos a biodiversidade única do lago, com especial destaque para as espécies endémicas e os ecossistemas aquáticos. Compreender a história natural do lago é crucial para avaliar os impactos actuais e futuros das alterações ambientais.

No terceiro capítulo, identificámos as principais causas da subida dos níveis de água no Lago Tanganica, centrando-nos nas alterações climáticas globais e no impacto das actividades humanas, como a desflorestação e a agricultura intensiva. Examinámos também a variabilidade natural dos níveis de água e o seu papel na amplificação dos problemas actuais.

O quarto capítulo descreve em pormenor o impacto ambiental da subida do nível do mar, nomeadamente na fauna e na flora aquáticas e nos ecossistemas costeiros. As espécies endémicas, que já são vulneráveis, estão particularmente ameaçadas pelas alterações do seu habitat. Os ecossistemas costeiros estão também a sofrer transformações significativas, que afectam a biodiversidade e a saúde dos habitats.

Explorámos as repercussões socioeconómicas da subida do nível do mar nas comunidades ribeirinhas. Estas incluem a deslocação de populações, alterações nos estilos de vida e nas actividades económicas, bem como riscos para a segurança alimentar e os recursos de água doce. As populações locais têm de se adaptar às novas realidades, muitas vezes com apoio limitado.

O último capítulo foi dedicado às respostas e soluções para fazer face à subida do nível do mar. Analisámos as iniciativas locais e internacionais de gestão de recursos, as estratégias de adaptação e mitigação e a importância da cooperação regional e internacional. Foram apresentados exemplos concretos de projectos e colaborações para ilustrar os esforços em curso e os desafios a ultrapassar.

Perspectivas para o futuro do Lago Tanganica
O futuro do Lago Tanganica dependerá da capacidade dos países ribeirinhos e da comunidade internacional de implementar estratégias eficazes para mitigar os impactos das alterações climáticas e proteger este ecossistema vital. Podem ser previstos vários cenários possíveis e previsões futuras, dependendo das acções tomadas hoje.

Cenário otimista
Num cenário otimista, os esforços de cooperação regional e internacional são reforçados, com investimentos significativos na conservação da biodiversidade, na gestão sustentável dos recursos e na adaptação às alterações climáticas. Os projectos de reflorestação, gestão das pescas e proteção dos habitats são bem sucedidos, melhorando a resiliência do ecossistema do Lago Tanganica e das comunidades locais. As emissões de gases com efeito de estufa estão a ser reduzidas através de políticas ambientais rigorosas e da adoção de energias renováveis, contribuindo para estabilizar o clima regional.

Cenário pessimista
Num cenário pessimista, os esforços de conservação e gestão sustentável são insuficientes e as emissões de gases com efeito de estufa continuam a aumentar. Os impactos das alterações climáticas intensificam-se, com a subida do nível do mar e variações climáticas extremas. Os ecossistemas do Lago Tanganica estão a sofrer uma degradação irreversível, levando ao desaparecimento de muitas espécies endémicas. As comunidades ribeirinhas enfrentam deslocações maciças, a perda dos seus meios de subsistência e uma insegurança alimentar crescente. As tensões entre os países ribeirinhos estão a aumentar, exacerbando os conflitos e dificultando a cooperação regional.

Cenário intermédio

Num cenário intermédio, estão a ser feitos progressos, mas de forma desigual e fragmentada. Alguns países e regiões estão a implementar estratégias eficazes, enquanto outros estão a ficar para trás. As iniciativas de conservação e gestão sustentável estão a dar resultados positivos, mas persistem desafios devido às variações climáticas e às pressões humanas. As comunidades locais continuam a adaptar-se, mas com recursos limitados e apoio insuficiente. A cooperação regional está a progredir, mas os obstáculos políticos e económicos impedem uma ação concertada em grande escala.

7.3 Apelo à ação para a conservação e a gestão sustentável

Para garantir um futuro sustentável para o Lago Tanganica e para as comunidades ribeirinhas, é imperativo adotar uma abordagem proactiva e integrada, envolvendo os decisores políticos, AS ONG e as comunidades locais. Seguem-se algumas recomendações para orientar a ação futura:

Recomendações para os decisores políticos

- **Reforçar as políticas ambientais**: Os governos devem adotar e aplicar políticas ambientais rigorosas para proteger os ecossistemas do Lago Tanganica. Isto inclui a regulamentação da pesca, a proteção de habitats críticos e a redução da poluição.

- **Promover as energias renováveis**: Os responsáveis políticos devem incentivar a adoção de energias renováveis para reduzir as emissões de gases com efeito de estufa. Podem ser criados incentivos fiscais e subsídios para apoiar projectos de energia solar, eólica e hidroelétrica.

- **Investir em infra-estruturas resistentes**: O investimento em infra-estruturas resistentes às inundações, como diques e sistemas de drenagem, é essencial para proteger as comunidades locais. Os governos devem também promover práticas de construção sustentáveis e resistentes às intempéries.

Recomendações para as ONG

- **Reforço das capacidades locais**: AS ONG devem continuar a fornecer formação e recursos para reforçar as capacidades das comunidades locais para se adaptarem aos impactos das alterações climáticas. Isto inclui

formação em técnicas agrícolas sustentáveis, gestão da água e construção resistente às inundações.

- **Promover a sensibilização e a educação**: As campanhas de sensibilização e os programas educativos são cruciais para informar as comunidades locais sobre os riscos associados à subida do nível do mar e às medidas de adaptação. As ONG devem trabalhar com as escolas, os meios de comunicação social locais e os líderes comunitários para divulgar esta informação.

- **Facilitar a cooperação regional**: As ONG podem desempenhar um papel fundamental na facilitação da cooperação regional e internacional. Podem servir de ponte entre os governos, as instituições internacionais e as comunidades locais para promover iniciativas conjuntas e projectos transfronteiriços.

Recomendações para as comunidades locais
- **Adoção de práticas sustentáveis**: As comunidades locais devem ser encorajadas a adotar práticas sustentáveis na agricultura, nas pescas e na utilização dos recursos naturais. Isto inclui a utilização de variedades de culturas resistentes às inundações, a redução da desflorestação e a gestão responsável das pescas.

- **Participar em iniciativas de conservação**: A participação ativa das comunidades locais em iniciativas de conservação é essencial para o seu sucesso. As populações locais devem ser envolvidas no planeamento e na implementação de projectos de conservação e os seus conhecimentos tradicionais devem ser incorporados nas estratégias de gestão.

- **Reforçar a solidariedade** comunitária: A solidariedade comunitária é um ativo valioso para enfrentar os desafios colocados pela subida do nível do mar. As comunidades precisam de reforçar as suas redes de apoio mútuo, partilhar recursos e trabalhar em conjunto para desenvolver soluções locais adequadas.

Importância do empenhamento e da sensibilização permanentes
O empenhamento e a sensibilização contínuos são essenciais para garantir o êxito dos esforços de conservação e gestão sustentável do Lago Tanganica. Os decisores políticos, As ONG e as comunidades locais devem manter uma

vigilância constante e uma vontade de se adaptarem a novos desafios. A sensibilização para a importância da conservação da biodiversidade e da gestão sustentável dos recursos deve ser integrada em programas educativos e campanhas de comunicação.

Os meios de comunicação social desempenham um papel crucial na divulgação de informações e na sensibilização do público. As reportagens, documentários e artigos sobre os desafios e soluções ligados à subida das águas do Lago Tanganica podem mobilizar a opinião pública e incentivar a ação colectiva.

Finalmente, a investigação científica e a recolha de dados são fundamentais para compreender a dinâmica ambiental e socioeconómica do Lago Tanganica. Os investigadores, as instituições académicas e as organizações de conservação devem trabalhar em conjunto para realizar estudos aprofundados.

Bibliografia

1. Attn, S. R., et al (2002). Effects of Land-use Change on Aquatic Invertebrate Diversity and Production in Lake Tanganyika, East Africa. Conservation Biology, 16(2), 493-503.

2. Allen, DJ, et al (2018). Ecorregiões de água doce do mundo: um novo mapa de unidades biogeográficas para a conservação da biodiversidade de água doce. BioScience, 68(5), 269-279.

3. Baratti, M., et al (2003). Filogenia molecular do género Lamprologus (Teleostei: Cichlidae) e implicações para a evolução do seu bando de espécies no lago Tanganica. Molecular Phylogenetics and Evolution, 27(1), 84-96.

4. Bootsma, H. A., & Hecky, R E. (2003). A Comparative Introduction to the Biology and Limnology of the African Great LakesJournal of Great Lakes Research, 29, 3-18.

5. Brander, L. M., et al (2007). The Economic value of Environmental Functions in the Okavango Delta, Botswana. Gland, Suíça: IUCN.

6. Burgess, N. D., et al (2004). Terrestrial Ecoregions of Africa and Madagascar: A Conservation Assessment. Washington, D.C.: Island Press.

7. Chale, F. M. M. (2004). Pollution of Lake Tanganyikajournal of Great Lakes Research, 30(4), 465-476.

8. Cohen, A. s., et al (1993). Environmental Change in Lake Tanganyika: The Sedimentary Record of One of the Most Ancient and Deepest Tropical Lakes. Em D. G. George,J. GJones, P. Puncochar, C. S. Reynolds, & D. W. Sutcliffe (Eds.), Sediment Records of Biomass and Productivity (pp. 3-18). Dordrecht: Springer.

J . Cohen, A. S., et al (2005). Ecological Consequences of Early Late Pleistocene Megadroughts in Tropical Africa [Consequências ecológicas dos megadroughts do início do Pleistoceno tardio na África Tropical]. Actas da Academia Nacional de Ciências, 104(42), 16422-16427.

10. Coulter, G. W. (1991). Lake Tanganyika and Its Life. Oxford: Oxford University Press.

11. Eggermont, H., et al (2010). Respostas Limnológicas e Ecológicas às Alterações Ambientais nos Lagos da África Oriental: Uma Revisão. Biologia de Água Doce, 55(12), 2418-2433.

12. Hecky, R. E., et al (1991). O Ecossistema Pelágico. Em G. W. Coulter (Ed.), Lake Tanganyika and its Life (pp. 43-56). Oxford: Oxford University Press.

13. johnson, T. C., et al (1996). Late Pleistocene Desiccation of Lake victoria and Rapid Evolution of Cichlid Fishes. Science, 273(5278), 1091-1093.

14. KoldingJ., & van Zwieten, P. A. M. (2006). The Tragedy of Our Legacy: How Do Global Management Discourses Affect Small Scale Fisheries in the South? Forum for Development Studies, 33 (1), 29-58.

15. Kullander, S. O. (2003). Família Cichlidae (Ciclídeos). In R. E. Reis, S. O. Kullander, & C.J. FerrarisJr. (Eds.), Checklist of the Freshwater Fishes of South and Central America (pp. 605-654). Porto Alegre: Edipucrs.

16. Langenberg, v. T., et al. (2003). Variações sazonais e espaciais na biomassa de fitoplâncton e na produção primária no lago Tanganica. Freshwater Biology, 48(10), 1608-1623.

17. Lowe-McConnell, R. H. (2009). A Pesca e a Evolução dos Ciclídeos nos Grandes Lagos Africanos: Progressos e Problemas. Freshwater Reviews, 2(2), 131151.

18. McIntyre, P. B., et al (2006). Historical Water Quality and Fishery Changes in Lake Tanganyika Inferred from Sediment Records. Freshwater Biology, 51 (5) ,J85-997.

19. Moore, M. v., et al (1995). Zooplâncton nas Águas Abertas do Lago Tanganica: Um Ponto Focal para Investigação Ecológica e Evolutiva. Avanços em Limnologia, 45, 269-279.

20. Mugidde, R. (2001). Estado dos nutrientes e fixação do azoto planctónico no Lago Vitória, África. Limnologia e Oceanografia, 46(4), 815-826.

21. Olago, D. o., & Odada, E. O. (2007). Climate Change and the Western

Rift valley Lakes in Kenya (Alterações climáticas e os lagos do vale do Rift Ocidental no Quénia). Em M. L. Parry, O. F. CanzianiJ. P. Palutikof, PJ. van der Linden, & C. E. Hanson (Eds.), Climate Change 2007: Impacts, Adaptation and vulnerability (pp. 423-467). Cambridge: Cambridge University Press.

22. O'Reilly, C. M., et al (2003). Climate Change Decreases Aquatic Ecosystem Productivity of Lake Tanganyika, Africa (Alterações Climáticas Diminuem a Produtividade do Ecossistema Aquático do Lago Tanganica, África). Nature, 424(6950), 766-768.

23. Ptmm, S. L., et al (1995). The Future of Biodiversity. Science, 269(5222), 347-350.

24. Plisnier, P. D., et al (1992). Limnological Annual Cycle Inferred from Physical-Chemical Fluctuations at Three Stations of Lake Tanganyika (Ciclo Anual Limnológico Inferido a partir de Flutuações Físico-Químicas em Três Estações do Lago Tanganica). Hydrobiologia, 331(1), 53-71.

25. Reid, R. S., et al (2000). Human Population Growth, Land use, and Food Supply in the Lake victoria Basin. Em C. B. Barrett, F. Place, & A. A. Aboud (Eds.), Natural Resources Management in African Agriculture (pp. 45-56). Oxford: CABI Publishing.

26. Ribbink, AJ (1987). African Cichlid Lakes and Their Conservation: A Socio-economic Perspective. Environmental Biology of Fishes, 19(3), 241255.

27. Rusell,J. M., et al (2007). Human Impacts, Environmental Change, and the Future of African Lakes (Impactos Humanos, Alterações Ambientais e o Futuro dos Lagos Africanos). Ciência e Tecnologia Ambiental, 41(3), 755-760.

28. Sarvalaj, et al (2003). Trophic Structure of Lake Tanganyika: Carbon Flows in the Pelagic Food Web. Hydrobiologia, 500(1-3), 85-103.

29. Scheffer, M. (2009). Critical Transitions in Nature and Society [Transições críticas na natureza e na sociedade]. Princeton: Princeton University Press.

30. Seehausen, O. (2006). Peixe ciclídeo africano: um sistema modelo na

investigação da radiação adaptativa. Actas da Sociedade Real B: Ciências Biológicas, 273(1597), 1987-1998.

31. Spigel, R. H., & Coulter, G. W. (1996). Comparação da Hidrologia e Limnologia Física dos Grandes Lagos da África Oriental: Tanganica, Malawi, Vitória, Kivu e Turkana (com referência a alguns Grandes Lagos da América do Norte). Em T. CJohnson & E. O. odada (Eds.), The Limnology, Climatology, and Paleoclimatology of the East African Lakes (pp. 103-139). Amesterdão: Gordon and Breach.

32. Sturmbauer, C., et al (2001). Evolutionary History of the Lake Tanganyika Cichlid Tribe Tropheini (Teleostei: Cichlidae) Derived from Mitochondrial DNA Sequences. Molecular Phylogenetics and Evolution, 22(3), 367-378.

33. Takahashi, T., et al (2001). Evolução Geológica e Biológica do Lago Tanganica: Uma Síntese. Em T. C. Johnson & E. O. Odada (Eds.), The Limnology, Climatology, and Paleoolimatology of the East African Lakes (pp. 677-698). Amesterdão: Gordon and Breach.

34. Thornton,J. A., et al (1996). Lake Tanganyika: Experience and Lessons Learned Brief. Em M. Munawar & R. E. Hecky (Eds.), The Great Lakes of the World (GLOW): Food-web, Health, and Integrity (pp. 109-115). Leiden: Backhuys.

35. Tierney, J. E., et al (2010). Late Pleistocene Desiccation of Lake Tanganyika Inferred from Stable Isotope Analysis of sediment Cores. Quaternary science Reviews, 29 (7-8),

I want morebooks!

Buy your books fast and straightforward online - at one of world's fastest growing online book stores! Environmentally sound due to Print-on-Demand technologies.

Buy your books online at
www.morebooks.shop

Compre os seus livros mais rápido e diretamente na internet, em uma das livrarias on-line com o maior crescimento no mundo! Produção que protege o meio ambiente através das tecnologias de impressão sob demanda.

Compre os seus livros on-line em
www.morebooks.shop

Printed by Books on Demand GmbH, Norderstedt / Germany